2021年度

全国农业科研机构年度工作报告

中国农业科技管理研究会
农业农村部科技发展中心 编著

中国农业科学技术出版社

前　言

公益性农业科研机构作为农业科技创新和支撑产业发展的重要力量，始终把保障国家粮食安全和主要农产品有效供给等重大科技需求作为出发点，攻坚克难，开拓创新，形成了一批又一批重大的农业科技成果，成为实现农业现代化的重要支撑力量。为了及时反映我国农业科研机构改革与发展状况，总结交流省级以上农业科研单位工作进展和科研成果，我们从 2016 年开始，每年以各单位在上一年度的基础信息分析和最新成果凝练为重点，根据科技部提供的地市级以上农业科研机构年度统计数据和全国公益性农（牧、垦）业科研单位征集的资料，整理编撰了 2021 年度的全国农业科研机构工作报告。

本报告分为两个部分，第一部分为基础数据汇总分析，主要反映全国地市级以上（含地市级）农业科研机构、人员、课题、论文与专利、研究与开发活动、对外科技服务情况等数据，并附相应的图表。第二部分为省级以上农科院年度工作报告，由省级以上农业科研单位提供，主要反映省级以上农业科研机构的基本情况和年度科研工作取得的成效。

本报告可为各级农业主管部门以及广大的农业科技工作者研究、分析和掌握科研机构的工作成效提供翔实资料和依据，为深化科研单位体制改革、提升农业科研水平提供决策参考。

编著者

2023 年 11 月

目录

第一部分　统计数据分析

第二部分　省级以上农科院年度工作报告

第一部分 | 统计数据分析

2. 全国农业科研机构从事科技活动人员学位、学历和职称情况

2021年全国农业科研机构比2020年新增人员2 801人，比上年同比增加58.75%。其中应届高校毕业生占新增人员的27.3%，比上年增加20.47%。新增人员主要集中在省属机构中，占50%。同年，减少人员4 329人，主要为离退休人员，占减少人员总数的41.88%（图1-12、图1-13）。

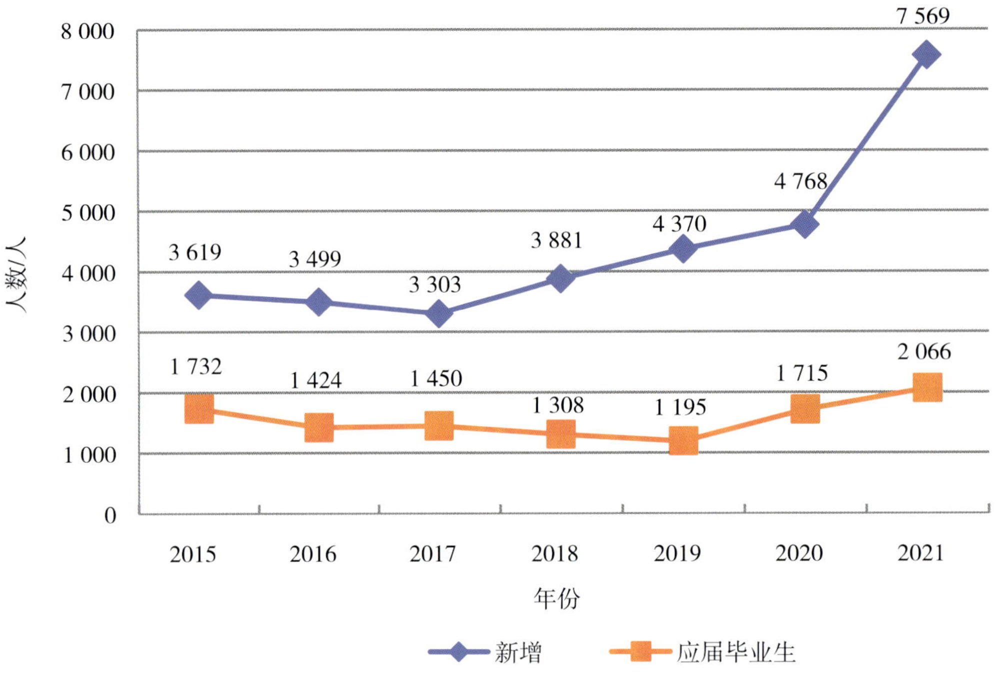

图1-12　2015—2021年全国农业科研机构新增人员与新增人员中应届高校毕业生的变化趋势

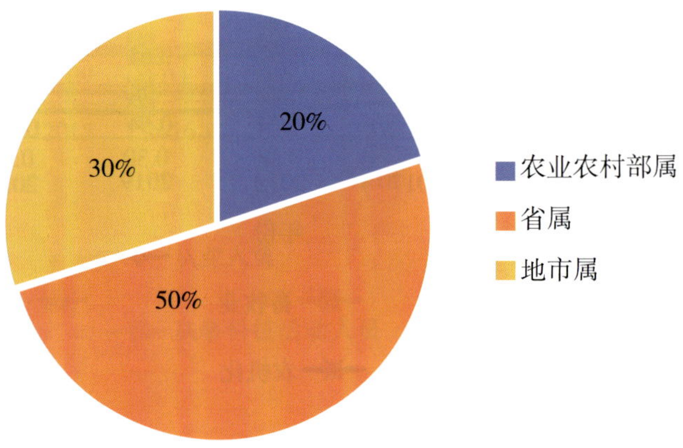

图1-13　2021年农业农村部属、省属、地市属农业科研机构新增人员的比重

三 课 题

2021 年全国农业科研机构课题数量比上年同比增加 0.51%。课题经费内部支出 106.93 亿元，比上年同比减少 20.43%。投入人力折合全时工作量约为 5.82 万人年。在开展的课题中，试验发展类课题数量最多，占课题总数的 37.92%；其投入经费也最多，占经费内部支出的 44.96%，比上年减少了 22.12%（图 1-14 至图 1-21）。

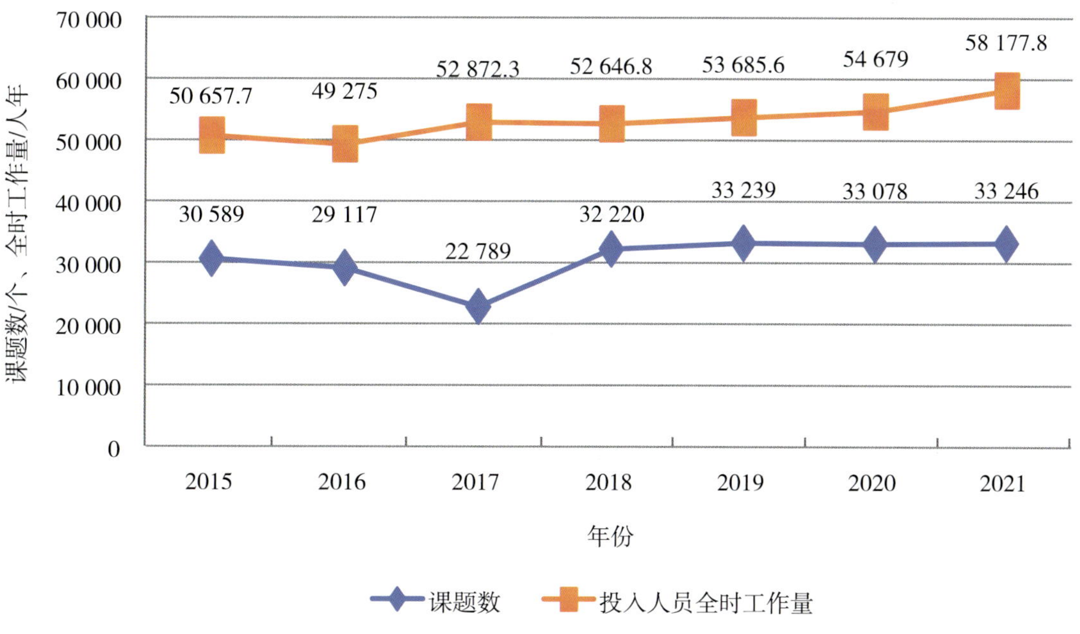

图 1-14 2015—2021 年全国农业科研机构课题数量与投入人员的变化趋势

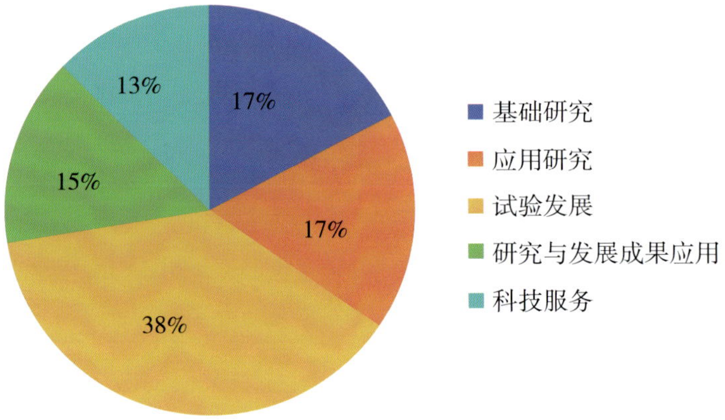

图 1-15　2021 年全国农业科研机构不同类型课题的课题数量与投入人员所占比重

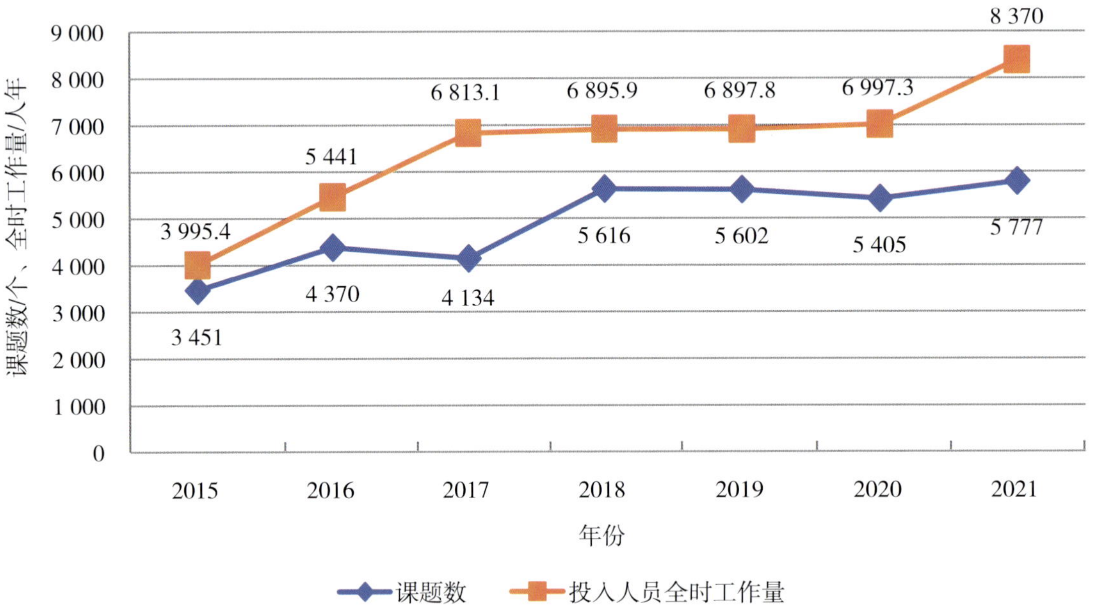

图 1-16　2015—2021 年全国农业科研机构中基础研究课题数量与投入人员的变化趋势

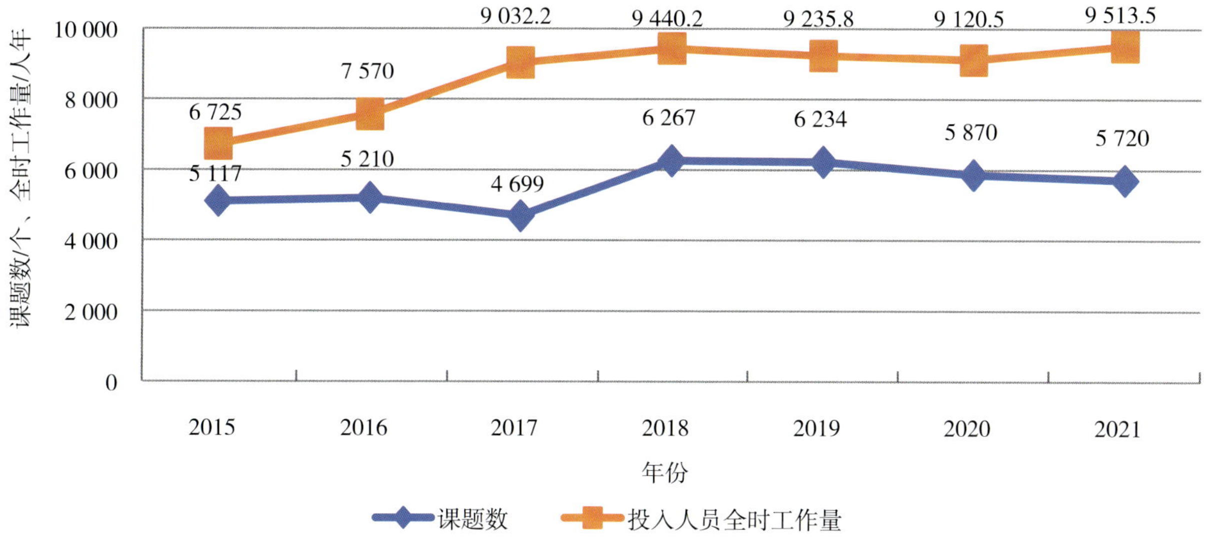

图 1-17　2015—2021 年全国农业科研机构中应用研究课题数量与投入人员的变化趋势

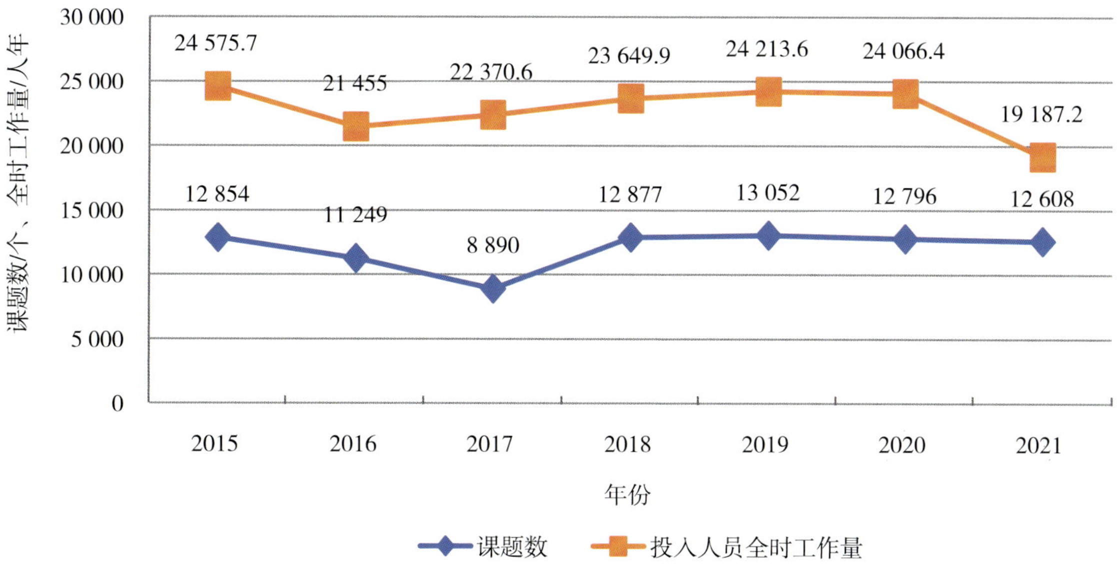

图 1-18　2015—2021 年全国农业科研机构中试验发展课题数量与投入人员的变化趋势

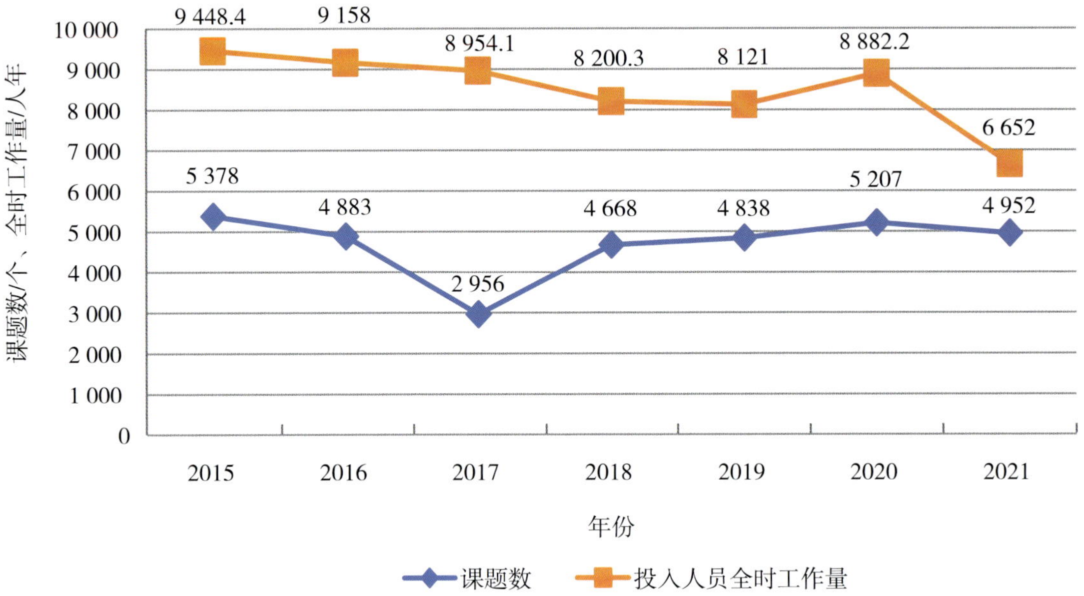

图 1-19　2015—2021 全国农业科研机构中研究与发展成果应用课题数量与投入人员的变化趋势

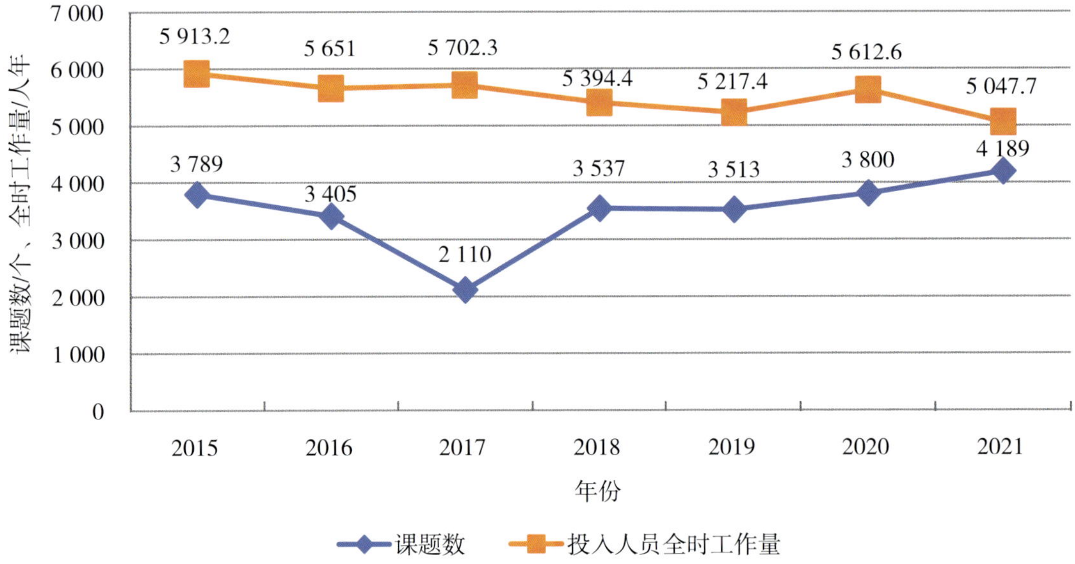

图 1-20　2015—2021 年全国农业科研机构中科技服务课题数量与投入人员的变化趋势

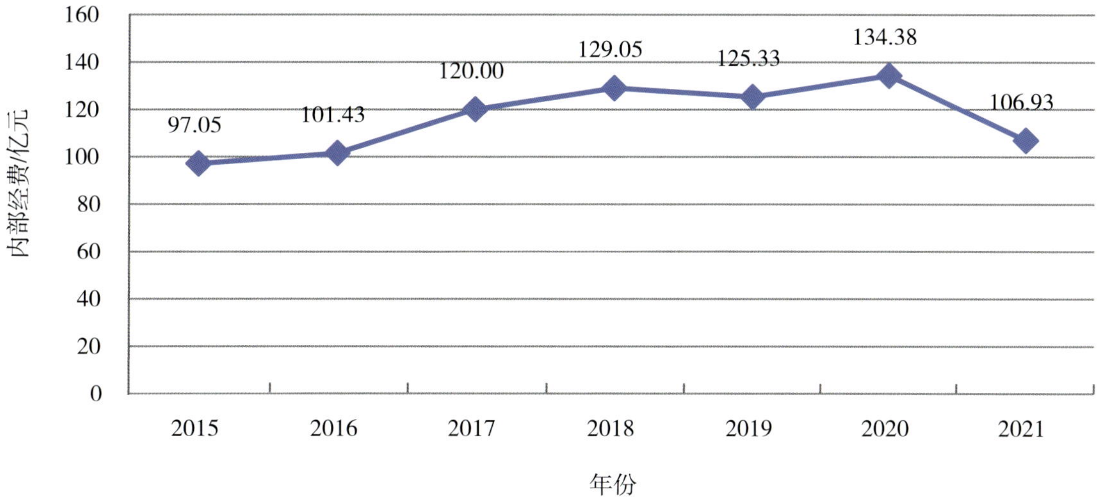

图 1-21　2015—2021 年全国农业科研机构课题经费内部支出的变化趋势

四 论文与专利

2021 年全国农业科研机构发表科技论文数量比上年同比增加 1.18%，其中在国外发表的论文数量占发表论文总数量的 29.72%，比上年增加 14.04%。出版的科技著作同比增加 16.5%。

2021 年全国农业科研机构专利申请受理总数比上年同比增加 12.33%，专利授权数量比上年同比增加 29.73%（图 1-22 至图 1-24）。

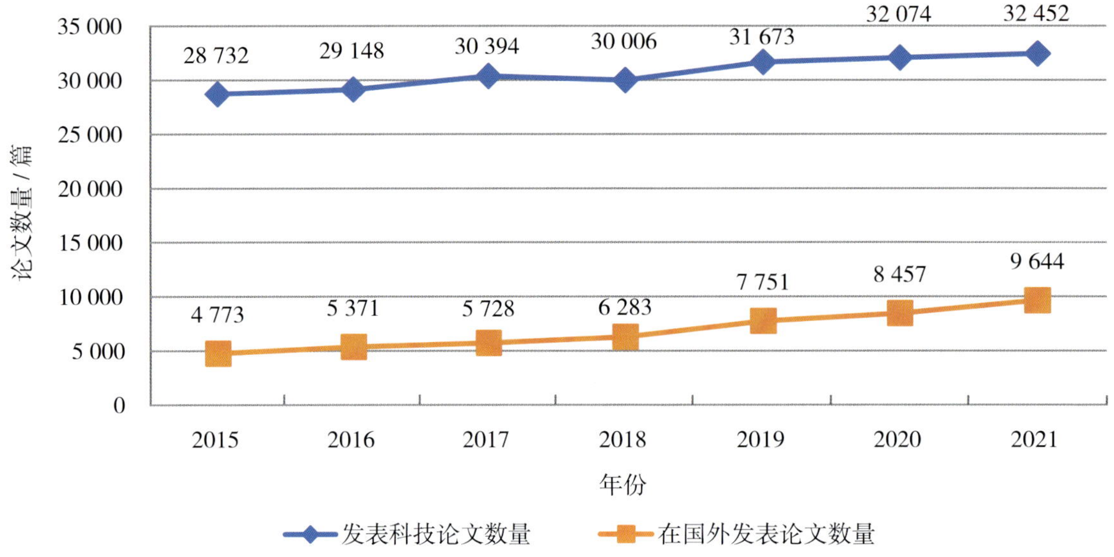

图1-22　2015—2021年全国农业科研机构发表科技论文数量及在国外期刊发表论文数量的变化趋势

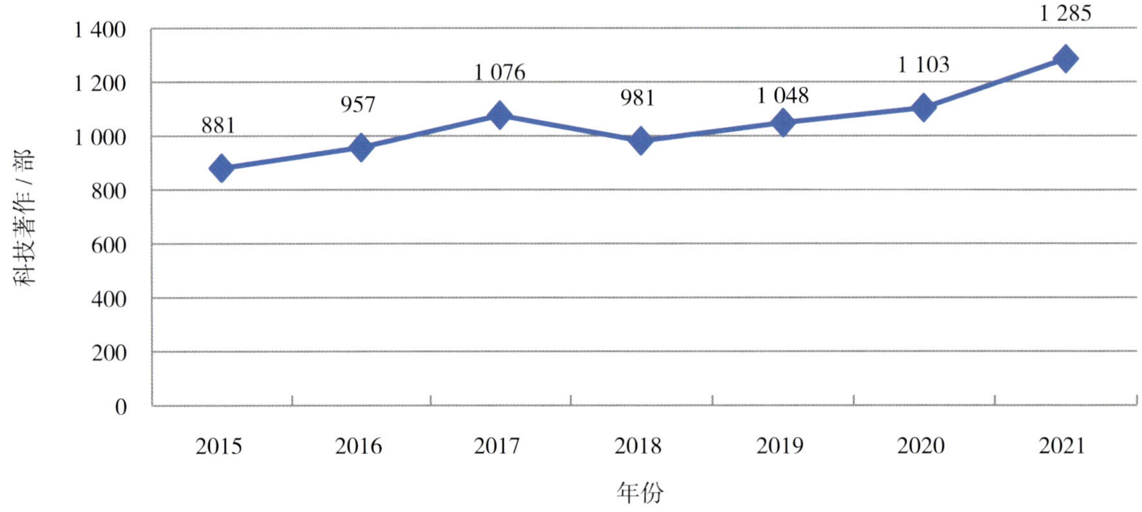

图1-23　2015—2021年全国农业科研机构出版科技著作的变化趋势

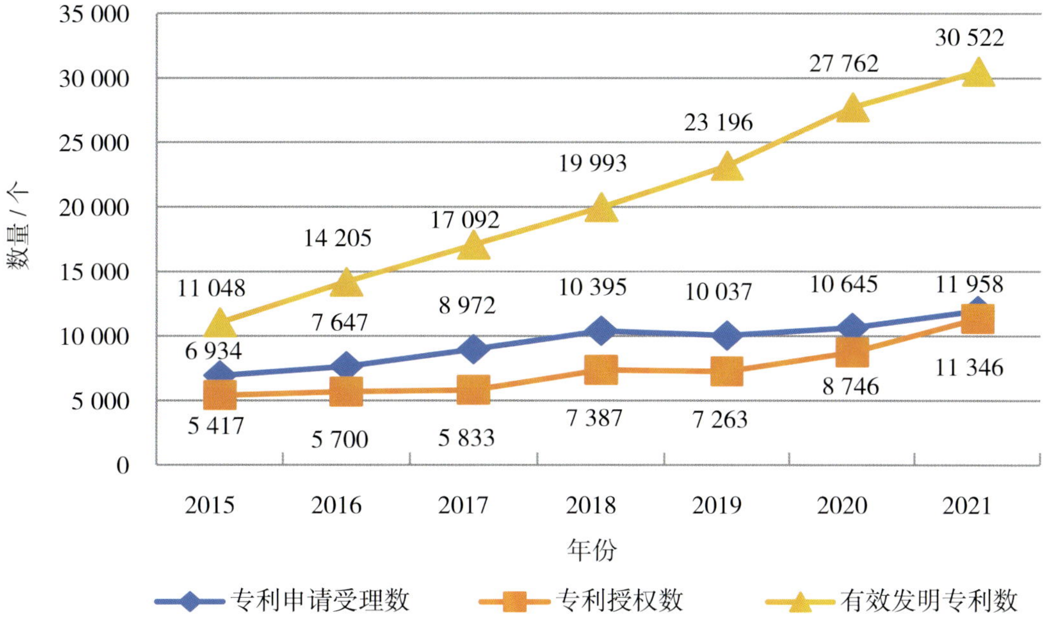

图 1-24　2015—2021 年全国农业科研机构专利申请受理数和授权数的变化趋势

五 R&D 活动情况

1. 全国农业科研机构 R&D 人员及工作量情况

2021 年全国农业科研机构 R&D 人员同比增加 6.46%，具有本科及其以上学历的人员 53 133 人，占总人数的 85.49%，比上年增加 8.03%（图 1-25、图 1-26）。

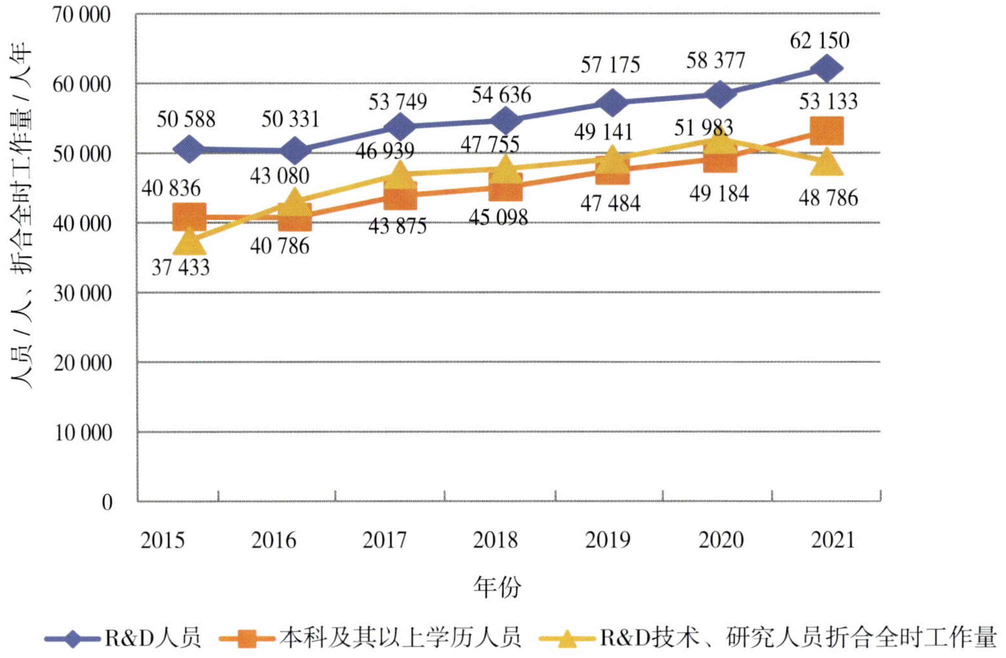

图 1-25　2015—2021 年全国农业科研机构 R&D 人员及其以上学历人员和 R&D 中技术、研究人员折合全时工作量的变化趋势

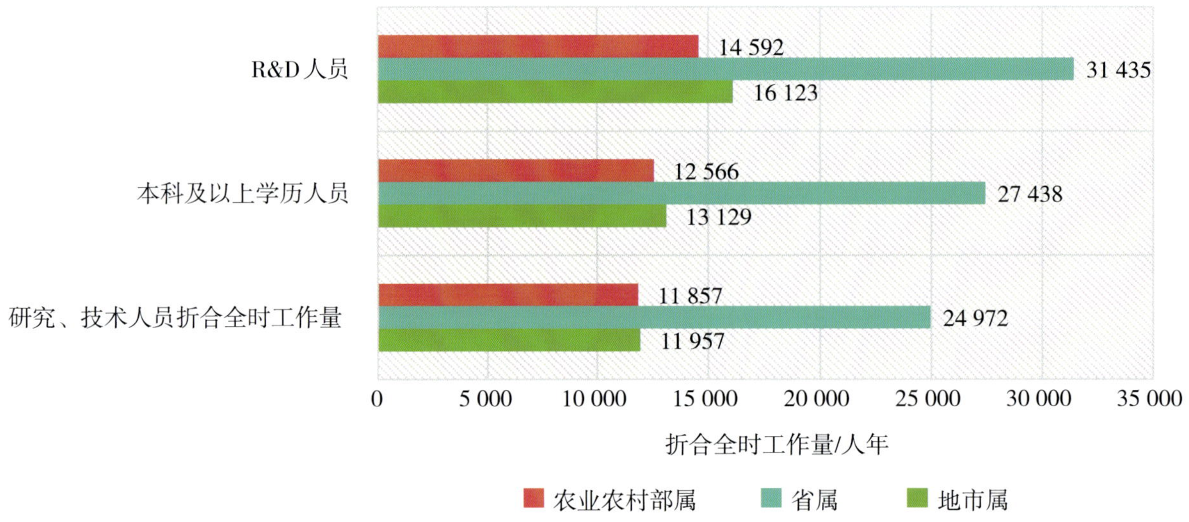

图 1-26　2021 年农业农村部属、省属、地市属的农业科研机构 R&D 人员折合全时工作量和研究、技术人员折合全时工作量情况

2. 全国农业科研机构 R&D 经费支出情况

2021 年全国农业科研机构 R&D 经费内部支出 233.67 亿元，比上年同比增加 4.41%。其中经常费支出最多，为 200.91 亿元，占总支出的 85.98%，比上年增加了 2.68%；经常费支出中，试验发展费支出最多，占经常费支出的 60.36%，比上年增加 1.12%；其次是应用研究经费支出，占经常费支出的 19.69%，比上年减少 2.84%；基础研究经费支出最少，占经常费支出的 14.4%，比上年增加 18.49%。从隶属关系来看，省属机构 R&D 活动经费内部支出最大，占总经费内部支出的 52.03%；从行业来看，种植业科研机构 R&D 活动经费内部支出最多，占总经费内部支出的 69.28%，比上年增加 5.72%（图 1-27 至图 1-30）。

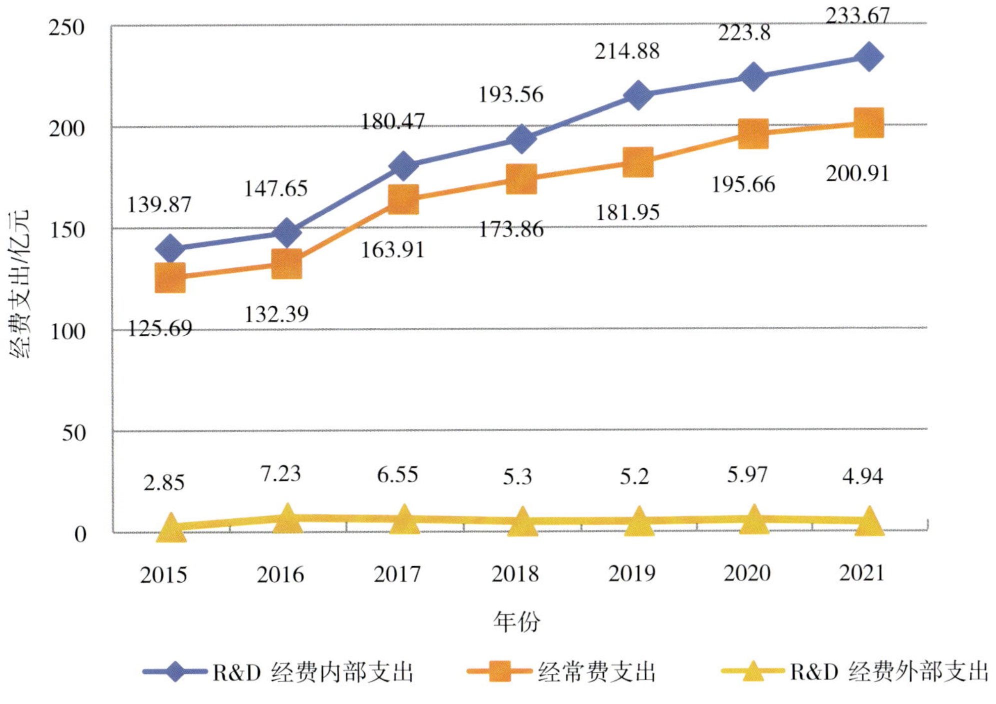

图 1-27　2015—2021 年全国农业科研机构 R&D 经费内部支出、经常费支出和 R&D 经费外部支出的变化趋势

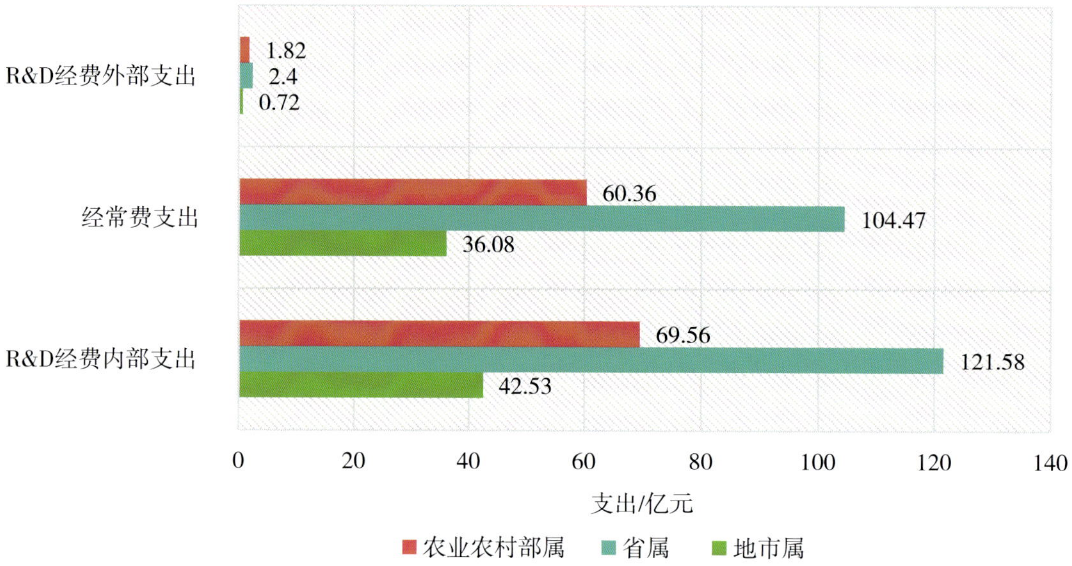

图 1-28　2021 年农业农村部属、省属、地市属的农业科研机构 R&D 经费内部支出、经常费支出和 R&D 经费外部支出情况

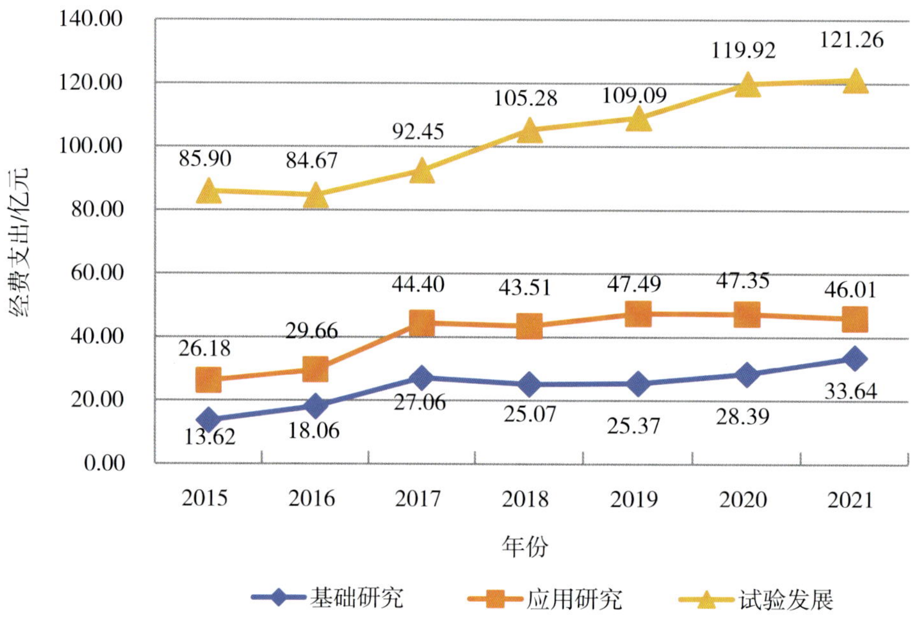

图 1-29　2015—2021 年全国农业科研机构基础研究、应用研究和试验发展经费支出的变化趋势

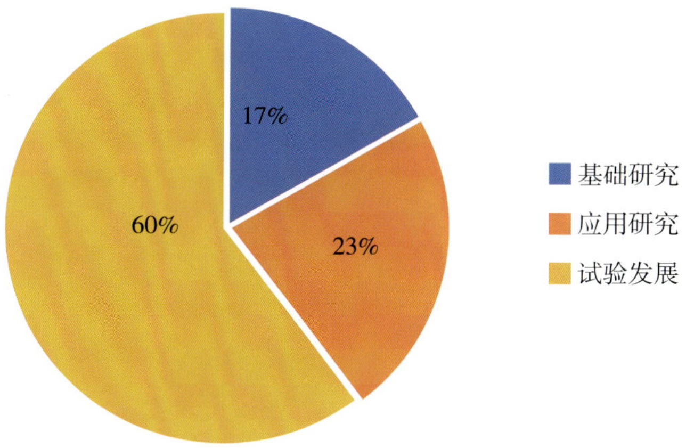

图 1-30　2021 年全国农业科研机构基础研究、应用研究和试验发展经费的支出比重

六 对外科技服务活动情况

2021 年全国农业科研机构开展对外科技服务活动工作总量 2.05 万人年，比上年同比减少了 0.24%，其中科技成果的示范性推广工作量比较大，占科技服务活动工作总量的 40.77%。从隶属关系看，省属科研机构对外科技服务量最大，占科技服务工作量的 43.49%；从行业看，种植业对外科技服务量最大，占科技服务活动总量的 72%；在部属“三院”中，中国农业科学院开展对外科技服务活动工作总量最大，占部属“三院”开展对外科技服务活动工作量的 58.18%（图 1-31 至图 1-34）。

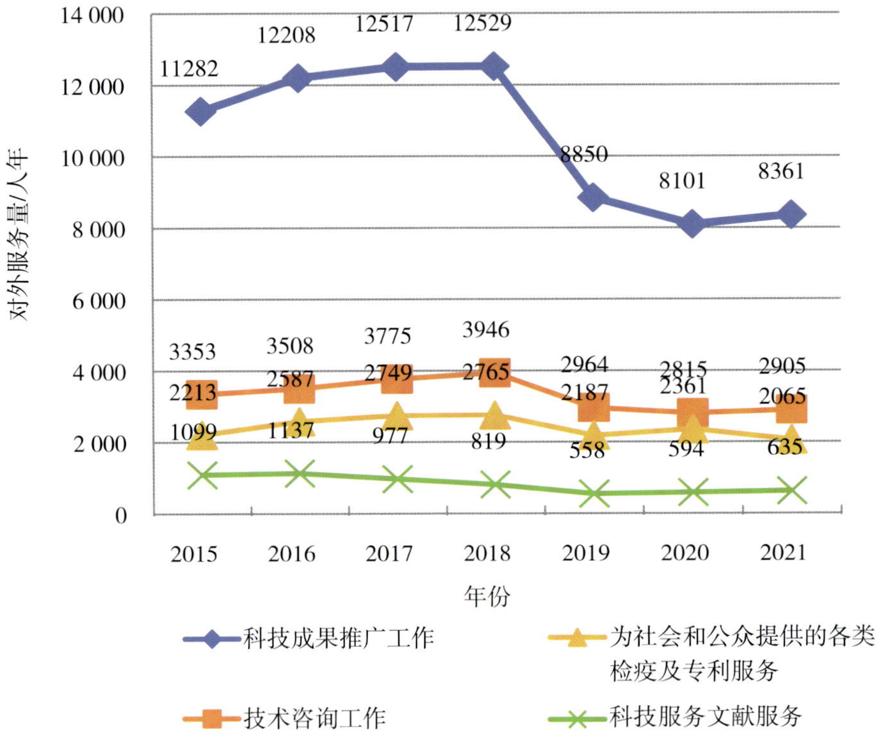

图 1-31　2015—2021 年全国农业科研机构对外服务情况的变化趋势

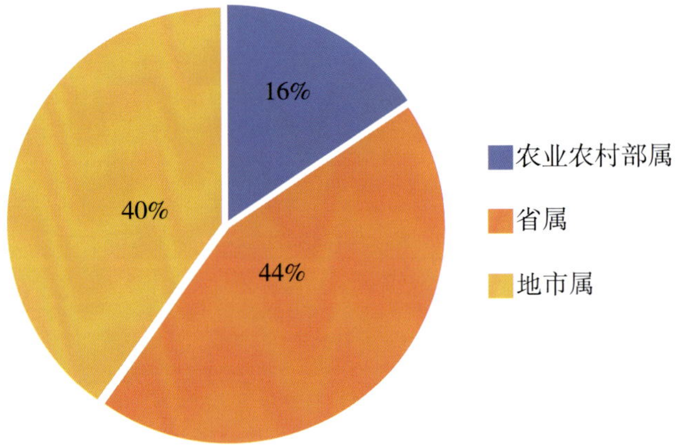

图 1-32　2021 年农业农村部属、省属、地市属农业科研机构对外服务情况所占比重

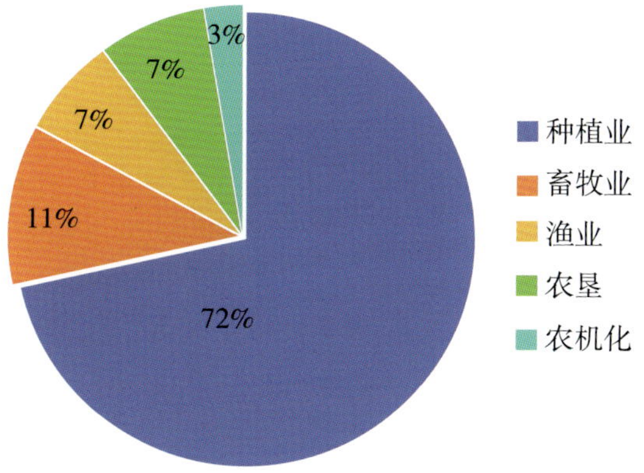

图 1-33　2021 年不同行业农业科研机构对外服务情况所占比重

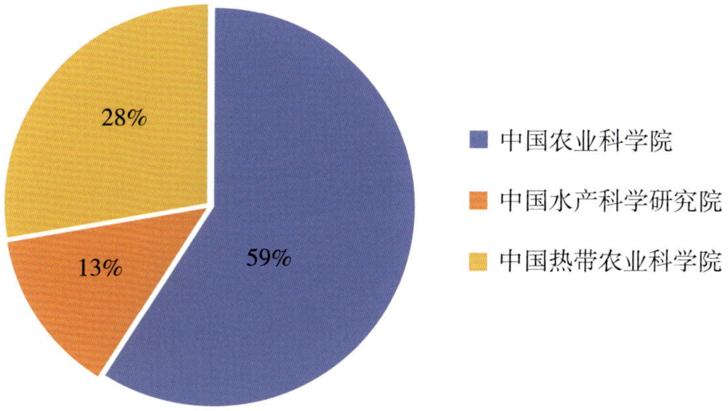

图 1-34　2021 年“三院”农业科研机构对外服务情况所占比重

附表 全国农业科技情报机构统计数据

附表 1　全国农业科技情报机构人员构成情况（按隶属关系分）

单位：人

	机构数量 / 个	从业人员						
		总 计	从事科技活动人员					其他辅助人员
			小 计	女性	高级管理人员	课题负责及技术骨干	技术人员	
合计	12	1 181	699	375	173	412	64	50
农业农村部属	10	547	300	141	73	174	18	35
省 市 属	2	634	399	234	100	238	46	15

附表 2　全国农业科技情报机构从事科技活动人员学位、学历情况（按隶属关系分）

单位：人

	合计	学位、学历			
		博士	硕士	本科	其他
合计	699	177	288	154	80
农业农村部属	300	35	128	103	34
省 市 属	399	142	160	51	46

附表 3　全国农业科技情报机构经常费支出情况（按隶属关系分）

单位：10^3 元

	本年内部支出									本年外部支出总额
	总额	日常性支出			经营活动支出					
		合计	人员劳务费（含工资）	其他日常支出	合计	土地与建筑物支出	仪器与设备支出	资本化的计算机软件支出	专利和专有技术支出	
合计	118 407	115 368	100 122	15 246	3 039	272	2 748	16	3	47 936
农业农村部属	57 190	55 865	41 143	14 722	1 325	0	1 309	16	0	0
省 市 属	61 217	59 503	58 979	524	1 714	272	1 439	0	3	47 936

附表 4　全国农业科技情报机构课题投入人员、经费情况（按隶属关系分）

	课题数 / 个	经费内部支出 /10^3 元		本单位课题人员折合全时工作量 / 人年	
		合计	政府资金	合计	研究人员
合计	458	67 924.9	63 364.4	877.0	802.5
农业农村部属	174	22 982.0	22 351.0	353.6	320.1
省 市 属	284	44 942.9	41 013.4	523.4	482.4

附表 5　全国农业科技情报机构科技著述和专利申请授权情况（按隶属关系分）

	发表科技论文 / 篇		出版科技著作 / 种	专利受理数 / 件	专利授权 / 件			有效发明专利数 / 件
		国外发表				发明专利	国外授权	
合计	488	61	69	46	50	27	0	112
农业农村部属	187	7	13	33	29	11	0	66
省 市 属	301	54	56	13	21	16	0	46

附表 6　全国农业科技情报机构对外科技服务情况（按隶属关系）

单位：人年

隶属关系	服务类别								合计
	科技成果的示范性推广工作	为用户提供可行性报告、技术方案、建议及进行技术论证等技术咨询工作	地形、地质和水文考察、天文、气象和地震的日常观察	为社会和公众提供的检验、检疫、测试、标准化、计量、计算、质量控制和专利服务	科技信息文献服务	其他科技服务活动	提供孵化、平台搭建等科技服务活动	科学普及服务活动	
合计	25	100	1	0	55	32	6	19	238
农业农村部属	13	64	0	0	20	20	1	3	121
省属	12	36	1	0	35	12	5	16	117

第二部分 | 省级以上农科院年度工作报告

一 农业农村部属科研机构

（一）中国农业科学院

2021 年是乘势而上开启新征程的第一年，中国农业科学院隆重庆祝中国共产党百年华诞，扎实开展党史学习教育，认真推进中央巡视整改，胸怀“国之大者”，坚持“四个面向”，着力强化国家战略科技力量，全力以赴“保供给、破要害、开新局”，制定发布“十四五”规划，实施使命清单制度，启动“强种”“沃田”科技行动，成立生物安全研究机构，推动创新布局由“一农”向“三农”拓展，创新工程全面推进期顺利收官，各项工作均取得积极成效。

1. 科技支撑乡村振兴更加全面深入

选育良种支撑种业振兴。“广明 2 号”白羽肉鸡打破国外种源长期垄断。11 个粮、棉、油作物新品种推广面积排名全国前十，“中麦 895”累计推广 5 100 万亩[①]、灌浆速率和耐热性居黄淮麦区主栽品种首位，“中豆 63”创南方大豆高产新纪录，“中油杂 19”含油量育种水平世界领先，“中甘 21”成为“高原夏菜”重大品牌。转基因大豆、玉米试种效果显著。“七块地”联合攻关支撑耕地保护和质量提升。黑土地根系改良、有机肥阻控红壤酸化机理、水稻土壤氮肥施用、滨海滩涂盐渍土保护利用等技术攻关取得重要进展。“天上看、网上查、地上管”技术模式全力保障高标准农田用途监测。支撑稳产保供再立新功。3 项技术集成模式入选全国主推技术，3 名专家入选全国粮食生产先进个人。面对河南特大暴雨，14 个所 70 多位专家奔赴一线提供抗灾技术服务。为确保“三秋”生产顺利开展，17 个所 100 多位专家奔赴 5 省 69 个受灾县开展抢收抢种技术服务。支撑乡村振兴成效显著。推广“田间课堂”科技助农新模式，“桦川案例”获全国党建创新成果“十佳案例”银奖。助力婺源、寿光入选全国农业科技现代化先行县。支撑农村环境治理广受好评。主办发布《中国农村人居环境发展报告》绿皮书。自主研发的改厕产品和技术模式得到国务院领导同志肯定，在 26 个省区推广应用。支撑国家决策的影响力进一步提升。47 份战略咨询报告获党和国家领

---

① 1 亩≈ 667 m^2，15 亩 =1 hm^2

导人批示，其中 28 篇获中共中央政治局常委批示。首次向中共中央办公厅直接报送 8 期信息，向部领导报送专报 15 期。接续发布农业展望、农业产业发展、农业绿色发展和农业科技前沿热点与竞争力 4 大智库报告。

2. 科技创新取得重要进展

国家科技计划立项势头良好。牵头承担国家科技计划 393 项。其中，重点研发计划 32 项，农业领域数量占发布总数的 1/3；“新一代人工智能”重大专项年度项目 1 项；自然科学基金 353 项，其中，重大项目 28 项，“农作物种质创新与创制”基础科学中心项目是我院首次获得综合类重大项目立项；社会科学基金项目 7 项，其中，重大项目 2 项。取得系列重大原创科学发现。发表科技论文 6 700 余篇，在 *Nature*、*Science*、*Cell* 三大顶尖期刊发表 6 篇，基础研究和应用基础研究能力持续提升。蔬菜花卉研究所揭示烟粉虱为害 600 多种植物的奥秘，农业农村部沼气科学研究所首次发现产甲烷古菌碳代谢新途径，农业基因组研究所培育了第一代高纯合度二倍体自交系和概念性杂交组合，棉花研究所率先揭示了栽培陆地棉地理分化和纤维品质改良的基因组学基础。突破关键技术诸多卡点。获省部级奖励 58 项，其中，神农中华农业科技奖一等奖 15 项。植物保护研究所升级草地贪夜蛾防控技术，被联合国粮食及农业组织（FAO）向全球推荐；都市农业研究所与中国水稻研究所在植物工厂实现矮秆水稻 63 天收获的重大突破；兰州兽医研究所的猪、牛口蹄疫 O 型疫苗，上海兽医研究所的鸭坦布苏病毒抗体检测试剂盒，特产研究所的水貂阿留申病毒抗体检测试纸条等 4 个一类新兽药填补国内空白；哈尔滨兽医研究所完成非洲猪瘟基因缺失疫苗第二阶段临床试验及转基因生物安全生产性试验，兰州兽医研究所顺利完成亚单位疫苗实验室研究。

3. 产学研深度融合成效明显

与地方政府合作全面加强。与苏州合作推进华东中心建设发展，与淄博、葫芦岛达成共建新型研发机构协议，与 10 多个地方政府新建战略合作关系。科企科产合作深入拓展。全院成果转化收入突破 13 亿元，再创历史新高。7 项知识产权转让单价超千万元，“中油杂 39”转让价创单个油菜品种纪录。与中国农业发展集团有限公司、北京大北农科技集团股份有限公司等龙头企业合作设立“三创协同奖”“杰出人才奖”等。借助中国移动等企业信息技术优势，共建智慧育种公共平台。与中粮集团有限公司、先正达集团股份有限公司、北京首都农业集团有限公司等百余家知名企业组建科企联合体。创新联盟建设持续推进。牵头组织近千家单位、2 万余名科技人员开展协同攻关，累计构建 11 家联盟实体。奶业联盟的“优工联”标识、棉花联盟的“CCIA”国棉品牌广泛应用。

4. 人才队伍质量结构持续优化

高层次人才队伍不断壮大。侯水生、周卫当选工程院院士，29 人入选国家人才计划，引进高层次人才 37 人。新增 43 名农科英才，总数达 373 人。高素质专业化干部队伍进一步建强。完善制度和培训体系，全面开展民主集中制学习活动，领导干部政治能力、战略眼光和专业水平大大提升。提拔 50 岁左右正所级干部 5 名、45 岁左右副所级干部 16 名，领导干部年龄结构大大优化。博士后队伍量质双升。在站人数突破 700 人，位居农业高校与科研机构首位。博士后获国家自然科学基金青年项目 52 项、面上项目 6 项，青年基金项目占全院的 36%。研究生教育能力水平持续提升。申请海南专项，加强联合培养，持续扩大招生规模。招收研究生 1 813 人，同比增长 9%，“双一流”高校生源占比 35%。授予学位 1 413 人，同比增长 13%。成立乡村振兴学院和南繁学院，建成使用马连洼新公寓楼，办学条件持续改善。

5. 平台条件再上新台阶

重大科研设施建设进展顺利。国家作物种质库新库建成试运行，兰州兽医研究所建成我国体量最大的动物生物安全高级别实验室设施集群，北方水稻中心基本完工，海外中心完成主体结构，南繁表型设施开工，畜禽库、种业创新中心获立项批复。条件保障能力大幅提升。争取建设资金 14.97 亿元，农业农村部投资同比增长 17%，首次获得海南专项支持。与昌平区签署协议，争取到 35 万 m^2 建设指标。科研平台持续强化。作物分子育种等 4 个国家工程中心通过考核转建，寿阳和大理国家野外台站获批新建，设施仪器开放共享考核优良率达 83.9%。基础性长期观测网络更加健全。组织全国 400 余家农业科研单位，围绕土壤质量、产地环境、种质资源、生物灾害防控等开展长期定位监测。

6. 国际交流合作保持良好态势

全力服务国家外交。参与联合国粮食峰会和 3 个领域技术磋商，承办“国家粮食安全与可持续发展对话会”，主办“产中粮食减损”分论坛，为《联合国气候变化框架公约》农业谈判提供技术支撑。积极对接国际创新资源。国际农业科学计划稳步实施，拓展与哈佛、牛津、海德堡等一流大学合作，聘用高层次外国专家。“中国 – 乌拉圭大豆联合实验室”列入国家“一带一路”联合实验室建设清单。拓展国际合作项目资助渠道，新增经费超过 6 500 万元。国际化人才队伍建设取得新突破。获批 88 项留学基金项目，引进 30 名高水平人才来院从事中长期研究。派驻 3 名外交官，310 名专家在国际机构、期刊兼职，国际影响力持续提升。

截至 2021 年底，全院共有 34 个研究所、1 个研究生院和 1 个出版社，分布在 16 个省区市。共有从业人员 11 200 余人，正式职工 6 800 余人，科技人员 6 200 余人，两院院士 19 人，国家杰青和国家优青 43 人，在站博士后 700 余人。2021 年，全院新增主持各类课题 2 312 项。

（二）中国水产科学研究院

2021 年，在农业农村部党组坚强领导下，中国水产科学研究院牢牢把握“十四五”发展战略目标和重大任务，着力深化“科技创新一体化、科技兴渔一体化、现代院所建设一体化”发展，更加注重科技创新、人才强基、开放融合、系统布局，积极推进管理改革和机制创新，稳步提升科技创新供给的质量与效率，加快科技自立自强，加速实现“一流院所、两个中心、三个基地”。

1. 机构发展情况

中国水产科学研究院是农业农村部设立的国家渔业科研机构。全院设有 3 个海区所、4 个流域所、2 个专业所、4 个增殖站以及院机关共 14 家法人单位，与地方共建了 5 个研究机构，分布于全国 12 个省市。2021 年，全院在职职工 3 000 余人，其中 70% 为专职从事科研工作人员，40% 为高级职称人员，拥有中国工程院院士 3 名，国家级称号高层次专家 61 名，现代农业产业技术体系首席科学家 3 名，岗位科学家 69 名。设有院级创新团队 86 个，覆盖了渔业产业创新链的全部学科领域。全院共有各类科技创新平台 111 个，包括：国家级平台 7 个，世界动物卫生组织（OIE）参考实验室 2 个，省部级平台 75 个，院级平台 27 个，国家级种质库 1 座，大中型调查船 8 艘，试验基地 38 个，总占地面积 7 400 多亩。

2. 科研活动及成效

（1）科研创新取得新进展

“鲆鲽鱼类分子育种技术创建与良种培育”和“稻渔生态种养关键技术创新与应用”荣获神农中华农业科技奖一等奖。全年发表论文 1 711 篇，其中 SCI 或 EI 收录 862 篇；出版专著 22 部；获软件著作权 344 项；获授权专利 587 件。全年新增科研项目 1 180 项，合同经费总额达 6.06 亿元。

创新一批基础理论，在水产生物的遗传发育、生理代谢等分子机理研究方面取得重要进展。相关研究论文在 *Nature Genetics*、*Molecular Biology* and *Evolution* 等国际高水平期刊发表。全年全院影响因子 10 以上的高质量研究论文有 22 篇，创历史最好水平。培育一批新品种，培育的虹鳟“水科 1 号”、禾花鲤“乳源 1 号”、翘嘴鳜“广清 1 号”、“建鲤 2

号”、半滑舌鳎“鳎优 1 号”5 个新品种通过审定，占 2021 年度全国水产品种审定总数的近半。攻克一批核心关键技术，瞄准产业发展瓶颈，在育种技术、渔业碳汇、尾水处理、养殖技术升级等方面积极作为。研制出我国鱼类首款抗病育种基因芯片，研发渔业养殖碳汇技术，创新稻渔生态种养提质增效技术和池塘水质调控与尾水生态治理技术，提升了养殖业生态效能和经济效益。研制一批养殖设施装备。研制深远海大型管桩围栏养殖设施与装备，实现养殖过程自动化、智能化；创制延绳吊养牡蛎机械化采收设备，生产效率提高 10 倍；构建大黄鱼深远海 5 000 吨级中试船“船载舱养”系统，设计全球首艘 10 万吨级大型养殖工船并推动建造。

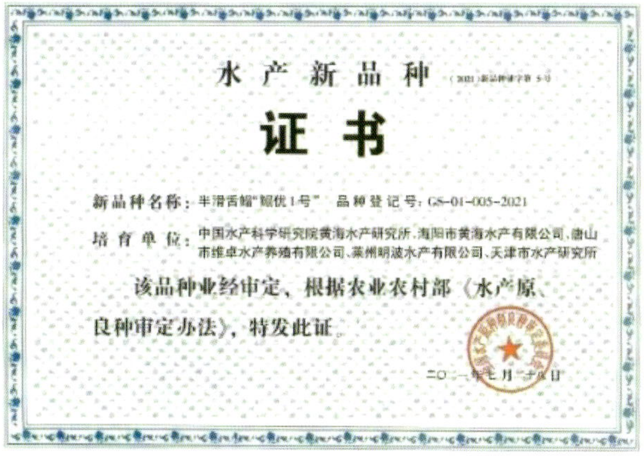
水产新品种
证书
新品种名称：半滑舌鳎“鳎优1号” 品种登记号：GS-01-005-2021
培育单位：中国水产科学研究院黄海水产研究所、海阳市黄海水产有限公司、唐山市维卓水产养殖有限公司、莱州明波水产有限公司、天津市水产研究所
该品种业经审定，根据农业农村部《水产原、良种审定办法》，特发此证。

“鲆鳎鱼类分子育种技术创建与良种培育”获神农中华农业科技奖一等奖

（2）乡村振兴展现新作为

科技成果转化量质同升，2021 年全院科技成果转化收入创历史新高，专利许可合同金额较 2020 年翻一番。优化稻渔综合种养模式，支撑稻渔共作区保供增效。支撑行动初见实效，稳步推进院乡村振兴科技支撑行动，开展东营海参、昆山大闸蟹、仙桃黄鳝等一批品种与地域相结合的技术支撑活动，带动形成多个数十亿元的产业示范区。行业支撑取得成效，全面支撑长江“十年禁渔”，会同长江办健全长江流域水生生物资源监测工作机制、完善监测体系布局，构建了长江水生生物完整性指数评价体系。

院士、专家在云南哈尼梯田指导稻渔生态种养技术

（3）人才建设呈现新风貌

黄海水产研究所陈松林研究员当选中国工程院院士。东海水产研究所庄平、珠江水产研究所谢骏分别获得上海市和广东省“五一”劳动奖章，3名科技人员入选青年拔尖人才、中青年科技创新领军人才和泰山学者产业领军人才；5位青年入选农业农村部农业科研杰出人才，3人获团中央“全国乡村振兴青年先锋”，多人入选省（市）级人才培养工程。

（4）协同创新取得新成绩

国内协作方面，推动“科企科地结合”，与天津市农业农村委员会、杭州千岛湖鲟龙科技股份有限公司等建立了战略合作关系，联合建立产业研究院4个；与地方政府、企业签署合作协议累计150余项。国际合作方面，我院与联合国粮食及农业组织（FAO）联合发起的“全球水产养殖可持续发展联盟”正式成立，全球18家科研教育机构作为创始成员加入；筹建的我国首个“FAO水产养殖抗微生物药物耐药性（AMR）和生物安保参考中心”正式授牌，成为全球水产领域仅有的3家FAO-AMR参考中心之一。

（5）科研条件建设取得新突破

“深蓝渔业创新实验室”“国家南海渔业生物种质资源库”“淡水渔业生物种质资源库”3个重大建设项目立项。两艘3 000吨级海洋渔业资源调查船通过国家发展改革委验收，一批科研基础设施得到改善和提升。

（三）中国热带农业科学院

2021 年是“十四五”开局之年，也是“三农”工作重心转向全面推进乡村振兴的第一年。为积极响应党和国家号召，全面贯彻党的十九大和十九届历次全会精神，深入贯彻习近平总书记关于做好“三农”工作重要指示批示以及中央经济工作会议、中央农村工作会议、全国农业农村厅局长会议精神，中国热带农业科学院（以下简称“中国热科院”）在农业农村部的坚强领导下，紧紧围绕“四个面向”，推进热带农业科技创新能力提升，持续强化国家战略科技力量。

1. 机构发展情况

中国热科院创建于 1954 年，1958 年迁至海南儋州，1994 年更为现名。经过传承创新与发展，在海口、儋州、三亚、湛江、广州建有 5 个院区，设有 14 个科研机构，2 个附属机构，1 个院本级，土地面积 6.8 万亩。拥有国家重要热带作物工程技术研究中心、国家热带植物种质资源库、海南儋州热带农业生态系统国家野外科学观测研究站、农业农村部综合性重点实验室等 116 个省部级以上科技平台。先后与 16 个国际组织、50 个国家和地区的科研与教学单位建立了长期稳定的合作关系，建有 8 个不同类型的热带农业科技国际联合实验室 / 研究中心、13 个境外农业试验站，初步构建了热带农业科技国际合作网络。现有在职职工 3 700 多人，其中，高级专业技术人员 700 多人，博士 400 多人。围绕热带经济作物、南繁种业、热带粮食作物、热带冬季瓜菜、热带饲料作物与畜牧、热带海洋生物等重点创新领域，设有作物学、植物保护和农业工程等 17 个一级学科、51 个二级学科，其中，植物与动物科学、农业科学 2 个重点学科进入全球 ESI 前 1% 学科，2021 年，全院新增主持各类课题项目 996 项，经费共计 3.58 亿元，全年以第一完成单位获省部级奖励共计 11 项，其中省部级一等奖 3 项、创新团队奖 1 项。

2. 科研活动及成效

（1）聚焦“国之大者”，热带农业科技创新实力不断增强

“卡脖子”技术和基础前沿攻关取得新突破。围绕高端天然橡胶的安全供给，研制工程胶试制大飞机 C919 轮胎获得初步成效；采用自主选育品种和自研生产技术获得的航空专用胶，试制出 ARJ21 国产民用航空样胎，为解决航空轮胎用胶全部依赖进口“卡脖子”问题

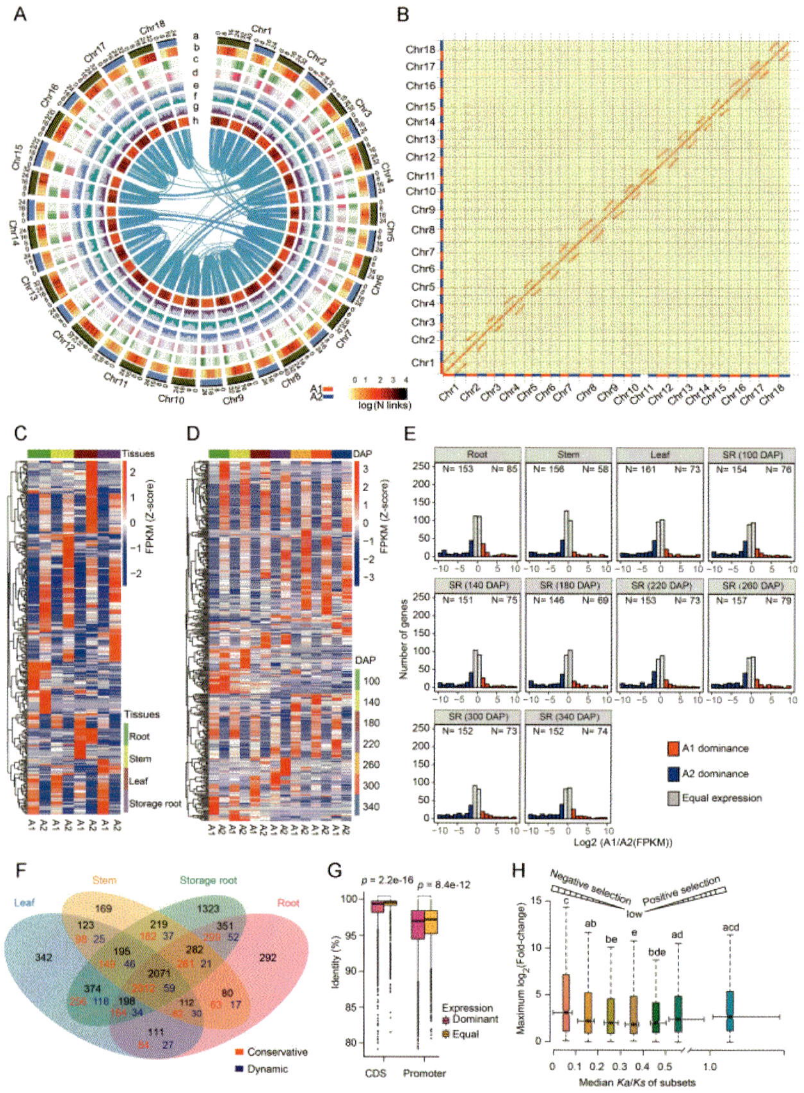

木薯单体型基因组进化及功能分化

科研人员在西藏墨脱开展热带作物种质资源普查

奠定基础。瞄准基础前沿取得一批重要进展，首次揭示木薯单体型基因组进化及淀粉代谢规律；阐明香蕉采后淀粉降解、软化和糖积累的转录因子调控精细机制；发布椰子精细基因组图谱，解密高矮种椰子自然分化约发生在 400 万年前等科学问题。聚焦耕地质量提升，首次摸清海南省农田总氮、总磷流失量，构建海南省农业环境监测评价技术体系；研发集成耕地土壤重金属污染钝化调理、酸化土壤改良技术，并在热区广泛推广。

热带农业种业创新研究取得新进展。紧密围绕打赢热带农业种业翻身仗，牵头组织种质资源考察队伍开展全国热区热作资源普查，北至西藏墨脱、南至西沙群岛。在西藏墨脱抢救性开展热作种质资源 369 种，在三沙采集到半野生种陆地棉资源“永兴 168964 棉花”，被列入“全国农作物十大优异种质资源”，2021 年全年累计收集各类资源 2 421 份，发表新种 2 个。研究建立橡胶树基因编辑体系、菠萝离体再生体系的化学诱变技术等热作生物育种新技术，累计创制优异新种质 67 份。全年自主培（选）育甘蔗、木薯、香蕉等热作新品种 104 个，其中获植物新品种权 15 个，选育的可可新品种获国际生物多样性中心主办的 2021 年国际卓越可可奖金奖。

科技创新平台建设取得新成效。获科技部正式批准建设“海南儋州热带农业生态系统国家野外科学观测研究站”，填补了热带农业领域此类国家级科技创新平台的空白；筹备多年的“省部共建热带农业资源保护与利用国家重点实验室”被列入 2021 年度海南省与科技部会商事项，高位推动进展顺利；新建香蕉、荔枝、菠萝、槟榔、火龙果、热带农用微生物菌种等省级种质资源圃（库）8 个。南亚热带农业科技创新中心正式投入使用，为壮大南亚热带农业领域国家战略科技力量迈出坚实一步；策划的国家热带农业科学中心综合实验室、国家热带农业科技孵化器等重点工程项目纳入 2021 年 9 月农业农村部等 13 个部门印发的《国家热带农业科学中心建设规划（2021—2035)》，打造世界热带农业科技创新高地进入具体实施阶段。

（2）面向“两个热区”，热带农业科技支撑水平持续发力

面向中国热区，将巩固脱贫攻坚成果摆在突出位置，转移转化高价值技术成果 37 项，研发新产品新材料新装备 60 多个，培育推广热带作物新品种 22 个，国际上率先突破了橡胶树体胚苗规模化繁育技术，构建橡胶树次生体胚高效再生体系，建立了世界首个橡胶树体胚苗规模化生产线，年生产能力超过 100 万株，实现规模化生产应用，该技术被列入 2021 中国农业农村重大新技术。橡胶树省工高效采胶、木薯机械化种植、椰心叶甲防治、水果减损等技术入选农业农村部 2021 年农业主推技术；甘蔗提质增效整装技术在主产区大规模推广应用。科技支撑乡村振兴实效显著，统筹指导资源整合，持续深化对“三区三州”、粤西及海南中部等欠发达地区的科技帮扶。合理布局整体推进，向四川、云南、贵州、海南等地选派科技特派员 150 多人次，组织各类农业技术指导培训、科普活动 150 余场次，培训新型职业农民、技术经纪人 5 000 多人次，直接受益人数近 6 万人次，承担 7 个省市的国家农产品质量安全监管检测服务，为乡村振兴提供强劲内生力。

面向世界热区，把践行国家承诺作为第一要务，科技服务外交能力持续增强。选派专家“逆行”塞拉利昂执行援外任务，体现了国家队的责任担当。与国际热带农业中心（CIAT）自 1982 年以来在热带牧草和木薯种质资源引进及其创新利用、人才培养、平台共建、学术交流等方面合作成效显著，支撑其获得 2020 年度中华人民共和国国际科学技术合作奖。阿联酋赠送我国的首批椰枣树苗顺利定植，开辟了中阿两国农业合作新领域。被农业农村部授予首批中非现代农业技术交流示范和培训联合中心，牵头成立中非热带农业科技创新联盟，成为中非农业科技合作的典范。与联合国粮食及农业组织（FAO）、世界粮食计划署（WFP）

中国热科院农业专家考察组与塞拉利昂农业部官员会面

等政府间国际组织及国家政府部门签署科技合作协议，成为 FAO “全球热带农业绿色发展行动计划”技术支撑单位，国际影响力充分彰显。

二 各省（区、市）属科研机构

（一）北京市农林科学院

1. 机构发展情况

北京市农林科学院是北京市人民政府直属的综合性农业科研机构，2021 年进行了机构改革，全院建有蔬菜研究所、林业果树研究所、玉米研究所、杂交小麦研究所、草业花卉与景观生态研究所、水产科学研究所、畜牧兽医研究所、植物保护研究所、植物营养与资源环境研究所、生物技术研究所、农产品加工与食品营养研究所、质量标准与检测技术研究所、数据科学与农业经济研究所、信息技术研究中心、智能装备技术研究中心 15 个专业研究所（中心）。

2. 科研活动及成效

（1）科研立项稳中向好

2021 年，落实各类科研项目 273 项，经费额度超过 2 亿元。新增国家重点研发计划 13 项，经费 2 252 万元；新增国家自然科学基金项目 40 项，资助数量创历史新高，经费 1 809 万元；北京市重点研发计划项目 5 项，经费 531 万元；北京市自然科学基金项目 15 项，经费 380 万元。

（2）科研成果创历史最好成绩

2021 年获得各类政府奖励 30 项。其中，国家科学技术进步奖二等奖 4 项，神农中华农业科技奖一等奖 3 项、二等奖 3 项，北京市科学技术奖一等奖 1 项、二等奖 3 项，梁希林业科学技术奖一等奖 1 项。全年审定品种 38 项，授权植物新品种 26 项，授权专利 346 项。发表 SCI 论文 266 篇，其中 Q1 区较 2020 年提高 37%，高水平论文占比显著提升。

（3）基础研究突破不断

在基因组编辑技术方面取得重大突破，实现玉米和水稻基因组引导编辑效率提高 3 倍，为植物基因组功能解析和作物精准育种提供了强有力的技术支撑；解析了西瓜果实“甜蜜”基因进化的分子机制，为西瓜含糖量遗传改良提供了理论与技术指导；揭示了白菜叶片遇冷变黄和品质形成的协同调控新机制，为高品质育种提供了重要参考。

（4）科技创新能力实现新跃升

打造种业创新高地成效显著。累计收集并保藏各类种质资源 7 万余份，我院被确定为北京市第一批农业种质资源保护单位。2021 年，“京科 968”项目荣获国家科学技术进步奖二等奖，“鲜食糯玉米系列新品种”荣获神农中华农业科技奖一等奖，“西瓜分子育种技术与新品种选育”荣获北京市科学技术进步奖一等奖、神农中华农业科技奖一等奖。农业信息技术与智能装备持续领跑全国。农业绿色发展科技创新取得新成效，设施蔬菜小型害虫成灾机理与绿色防控技术取得突破，首次建立了新型圆环病毒蛋白相互作用网络图谱。

“京科 968”成果荣获国家科学技术进步奖二等奖

（5）多个产品获得社会认可

“农科糯 336 等系列高叶酸甜加糯优质鲜食玉米新品种”“鸭坦布苏病毒病灭活疫苗和血凝抑制试验抗原”等入选“2021 中国农业农村重大新技术新产品”。“航空施药精准作业管控技术装备与系统”入选“2021 中国智能制造十大科技进展”。“航空精准施药雾滴沉积检测系统”“设施蔬菜水肥一体化云托管系统”入选“2021 中国农业农村重大新产品新装备”。

（6）科技推广服务实现新突破

围绕全市工作大局，与平谷区政府签署战略合作框架协议，成立了平谷桃产业技术研究院，开工建设北京油鸡资源保种场，部署智慧桃园、蛋鸡疾病智能诊断等多个重点项目，科技支撑平谷农业产业发展成效显著。全年在京郊推广各类新品种 747 个，示范相关配套技术 350 项，开展各类培训 9.7 万人次，实现示范区增收节支过亿元，社会效益显著提升。

与平谷区政府签署战略合作框架协议

（7）科技支撑乡村振兴卓有成效

我院建设的综合服务试验站、专家工作站、科技小院、示范基地 4 种模式的组织方式和运行机制愈加成熟有效。2021 年我院科技小院数量达到 16 个，白虎头、黑山寺和西鲍辛庄科技小院被评为全市“十佳科技小院”。“北京农业科技大讲堂”全年直播 29 期，超 8 万人次收听收看。

北京电视台春妮节目组到我院进行专访

（8）国际交流与合作有序推进

克服新冠疫情不利影响，实现“交流在云端，合作不断线”。新签国际合作协议 4 项，获批国际人才交流项目 2 项，承办（协办）国际学术会议 5 场，开展国际学术交流 60 余次。新增多人在国际学术组织任职，其中，6 人在国际期刊新任编委。

（二）天津市农业科学院

1. 机构发展情况

天津市农业科学院成立于 1979 年，是一所以应用研究为主、学科齐全、优势突出、具有较强实力和地方特色的社会公益类综合性农业科研机构。

主要开展农业基础与应用基础研究、应用研究以及高新技术研究；农业农村宏观政策研究；农业应用技术的集成与创新，科技成果示范、转化和技术服务等工作。承担国内外科技交流与合作以及有关科技项目和其他委托研究任务。形成了适应天津现代都市型农业发展需求的学科体系，并在黄瓜、菜花、大白菜、杂交粳稻育种，以及农产品保鲜、农产品安全生产与加工、农产品检测等领域逐步确立了国内先进水平的地位。

天津市农业科学院设有 5 个机关处室、13 个专业研究所（中心），拥有 4 个国家级研究中心，1 个国家农业科学观测试验站，7 个部、市级重点实验室及试验站，11 个工程技术中心。

现有在职职工 533 人，专业技术人员 483 人。其中，天津市杰出人才 1 人，享受国务院政府特殊津贴专家 11 人，国家产业技术体系岗位专家 1 人，农业农村部“杰出农业青年科学家”1 人，天津市授衔专家 2 人，天津市有突出贡献专家 4 人，河北省政府特殊津贴专家 1 人，天津市产业技术体系首席专家 4 人。

2. 科研活动及成效

2021 年是“十四五”规划的开局之年，也是天津市开启全面建设社会主义现代化大都市新征程的起步之年。天津市农业科学院全面贯彻落实党中央决策部署和市委、市政府以及市农业农村委员会党委工作要求，持续强化科研、转化、服务工作，不断推进院所治理能力现代化，各项工作全面推进，持续向好。

（1）农业科技创新保持活力

2021 年度，天津市农业科学院承接新立“国家自然科学基金项目”“国家青年科学家项目”“国家产业技术体系岗位专家项目”“科技援助项目”等各类项目 101 项，合同总经费 2 161 万元。获得省部级奖 11 项，其中天津市科学技术进步奖二等奖 7 项。获得各类成果和知识产权 330 余项，其中软件著作权 51 件。成果登记 103 项。SCI 发表论文 72 篇。授权专利 72 件，其中发明专利 22 件、加拿大专利 1 项。授权植物新品种权 10 件。通过主要农作物品种审定 15 个，其中国家审定品种 3 个。通过非主要农作物品种登记 15 个。

（2）种业振兴行动扎实推进

天津市农业科学院始终牢记习近平总书记“要坚持农业科技自立自强，加快推进农业关键核心技术攻关”的殷殷嘱托，坚持落实和完成好种业振兴重大工作任务。目前，天津市农业科学院拥有国内唯一的蔬菜种质创新国家企业重点实验室，并建成市农作物遗传育种重点实验室，合作设立市蔬菜遗传育种企业重点实验室。先后搭建了市蔬菜育种技术工程中心、市优质小麦工程技术中心、市畜禽健康养殖技术工程中心、市食用菌技术工程中心、市农业转基因试验基地等一批育种技术优质平台；积极参加全国种质资源普查工作，承担了天津市农作物种质资源的普查与收集行动任务，摸清了天津市地方品种、农家品种和野生资源的家底，抢救了一大批优异、特色种质资源，为天津市种业转型升级及提质增效提供了有力支撑。

黄瓜研究在不育基因的精细定位与克隆等方面取得重要进展

（3）产业科技服务全面铺开

为进一步主动融入和深度参与乡村振兴工作，天津市农业科学院根据天津优势农产品布局，精心选择优势产区、优势产业、优势主体，选配优势团队，加速优势成果转化。先后启动了水稻、特色蔬菜、畜牧等科技服务站 13 个。科技服务站依托农业企业、专业合作社等农业生产主体，通过建立核心示范点，辐射带动周边产业发展，开展全方位的科技服务工作，有效提升了农业全产业链增值空间，打造了一批科技支撑型高效农业样板。成功推荐 2021 年天津市农业主导品种和主推技术，共推出包括水稻、小麦、玉米、蔬菜、瓜果等优良品种 33 个。推荐果品保鲜贮存、果园标准化技术、果酒规模化生产技术、林下食用菌生产模式、繁殖母羊多羔基因检测技术等先进实用技术 14 项。

（4）平台条件建设迈上新台阶

瞄准世界一流学科和一流院所建设需求，统筹谋划重大科技平台布局，强化重大基础设施和财务保障，为科技创新提供条件支持。全国农业科技现代化先行县建设工作走在全国前列；北方果蔬保鲜技术集成科学试验基地项目获得农业农村部支持；国家土壤质量武清观测实验站投入建设稳步推进；种植业检测实验室建设有序开展；智慧牧场改造提升工程获得批复立项；天津市农作物种质资源库顺利开工建设；天津市畜禽种质遗传资源基因库通过验收并投入运行。

（2）科学研究取得重要进展

2021 年，全院各类知识产权产出总计 628 项，其中，审定品种 69 个，申请品种权 78 项，授权品种权 18 项，申请专利 146 项，授权专利 207 项，审定标准 69 项，研发新产品、新设备 21 项，发表核心及以上级别的论文 332 篇。科技创新工作取得较好进展。一是应用基础研究有所突破。在水果腐烂防控及其微生物群落的关系研究中发现采前套袋显著影响了梨采后特性和真菌组成，可以减少贮藏期间腐烂，证明了 1- 甲基环丙烯和臭氧处理通过改变果实表面微生物群落结构，从而显著降低早红考密斯梨和冬枣果实的腐烂，并通过分析梨果实腐烂和毒素的变化，揭示了梨果实腐烂中的微生物群落变化与真菌毒素积累的关系，相关成果在 *Frontiers in Microbiology*、*BMC Microbiology*、*Toxins* 等期刊杂志上发表；在大豆种脐大小、产量和品质性状的共同遗传基础特征方面取得进展，相关成果发表在 *Fronts in Plant Science* 期刊。二是新品种选育取得显著进展。冀麦 U80、冀麦 782、冀麦 325 通过国家审定，其中，冀麦 U80 高产优质，冀麦 782 高产稳产，冀麦 325 为水地和旱地双国审品种；育成国内外第一个抗嘧草硫谜除草剂谷子新品种冀谷 47、第一个高油酸谷子新品种冀谷 48 申报品种登记。三是新技术研发与利用取得显著进展。全院 14 项生产技术和 6 套绿色安全技术模式入选河北省主推技术序列，自主研发的“二点委夜蛾绿色防控技术”入选农业农村部农业主推技术，与中国农业大学联合研发的“苜蓿套种青贮玉米高产高效生产技术”入选农业农村部 2021 年 10 项重大引领性技术。

（3）科研平台条件建设持续完善

2021 年，全院科研平台建设总投资额度超过 9 000 万元，刷新历史单年度投资纪录。其中，在建“黄淮海大豆生物学与遗传育种重点实验室Ⅱ期”“国家植物保护保定观测站”“国家土壤质量深州观测站”国家级科研平台建设项目 3 项，在建省级基建项目、省级科研基础条件建设项目 6 项。全院“院级—所级—特色学科”三级实验室试验站保障体系初步构建，科研平台“建管用”制度框架进一步完善，综合实验室和大型仪器设备共享共用进一步深化，平台条件保障能力进一步提升，为全院科研工作顺利开展奠定了坚实基础。

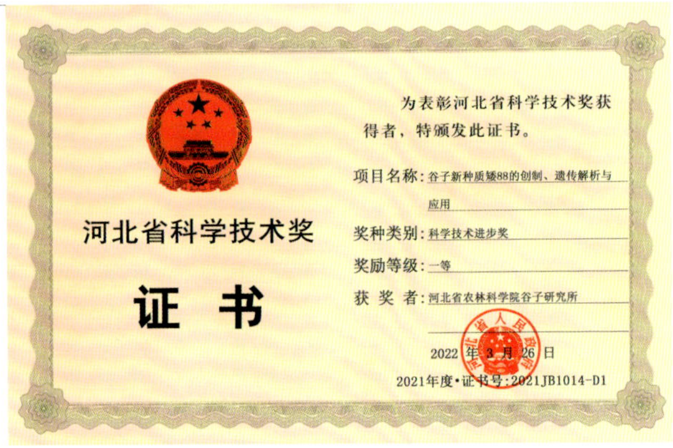

谷子新种质矮 88 的创制、遗传解析与应用获河北省科学技术进步奖一等奖

（4）科技成果供给能力显著增强

2021 年，全院获得省部级以上科技成果奖励 21 项。一是作为第一完成单位主持获得河北省科学技术进步奖 6 项。其中“谷子

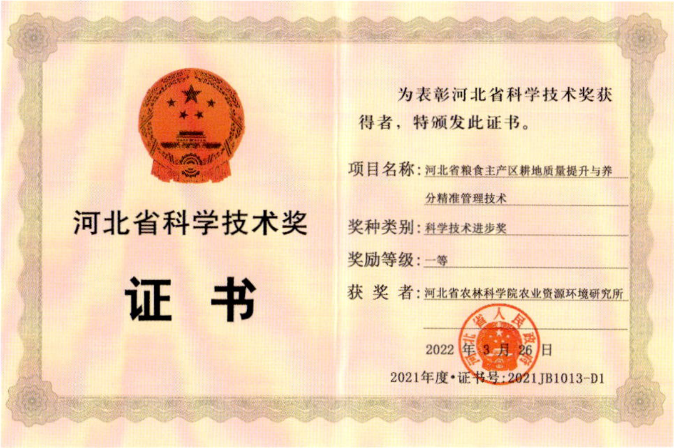

河北省粮食主产区耕地质量提升与养分精准管理技术获河北省科学技术进步奖一等奖

新种质矮 88 的创制、遗传解析与应用”和“河北省粮食主产区耕地质量提升与养分精准管理技术”2 项获河北省科学技术进步奖一等奖，“设施菜田有机肥增效机制与肥水精准管理技术”和“滨海盐碱土壤生态化改良及高效利用技术研究与应用”2 项获河北省科学技术进步奖二等奖，“番茄灰霉病菌多抗性分子检测及精准减量绿色防控技术研究与应用”和“高产抗旱粮饲兼用玉米新品种中地 175 选育及应用”2 项获省科学技术进步奖三等奖。二是获得神农中华农业科技奖 7 项。其中，经济作物研究所作为第二单位完成的“西瓜优质分子育种技术与新品种选育”获得 2020—2021 年度神农中华农业科技奖科学研究类一等奖，粮油作物研究所作为第一单位主持完成的“大豆脂肪氧化酶缺失种质创制与无腥大豆新品种选育及应用”获得 2020—2021 年度神农中华农业科技奖科学研究类二等奖。三是其他成果奖励 8 项。

（5）学科发展横向拓展和纵向延伸相结合

面对新形势，我院及时横向优化调整学科布局，组建了农产品加工、畜牧科学、智能装备等亟待加强的 3 个学科，进一步完善了我院的学科门类设置，加快补齐科技支撑农业农村发展的弱项短板，基本实现了河北省农业产业需求的全覆盖。根据发展新要求，纵向巩固提升了四大优势学科，一是落实“打好种业翻身仗”指示精神，以高产稳产、优质专用、绿色生态、适宜机械化与轻简化生产等为主要育种目标，巩固提升了遗传育种学科；二是强化农作物栽培生理、抗逆生理、营养调控、高光效群体塑造、环境－作物－土壤与栽培措施互作机理等研究，巩固提升了耕作栽培学科；三是以有效控制有害生物危害、减少化学农药使用、保障农产品与农田生态环境安全为目标，加强病原微生物致病机理、有害昆虫发生与为害规律、农田杂草演化与发生规律、农作物连作障碍产生机制等基础和应用基础研究，巩固提升了植物保护学科；四是落实藏粮于地要求，以提升土肥水气生资源利用效率和效益为核心，开展作物养分循环及高效利用机理、耕地肥力演变规律及健康土壤培育机制、农业面源和重金属污染防控机理、盐碱地土壤盐分演化规律等应用基础研究，巩固提升了资源环境学科。

（6）对外合作交流务实高效

积极面对复杂多变的国际形势和国内外新冠疫情变化形势，拓展合作渠道，运用灵活方式，有效推动对外合作项目落实。与罗马尼亚丰都良国家农业研究与发展研究所签订合作协议，围绕向日葵育种栽培开展双边科技合作。稳步实施与日本信州大学的合作，在红肉苹果和梨矮化砧木选育方面的研究按计划稳步推进；中美国际合作项目“旱作区域土壤墒情自动监测系统研究”顺利通过验收结题，圆满完成任务。克服新冠疫情影响，积极实施引智项目，邀请日本、澳大利亚、美国、南非等国家的8位专家开展学术交流和技术培训，我院工作成效在全省2021年重大引智计划对接会上作了介绍，得到肯定。

（7）科技服务支撑乡村振兴成效显著

积极适应新冠疫情影响的形势变化，不断提升应时、应邀、应急服务能力，全年组织技术观摩指导近千场次，培训基层技术人员和农民超3万人次，参与录制河北电视台《农博士在行动》100余次。加强科技成果转移转化，累计完成科技成果交易50项，实现转化收益1 418万元。开发完成“燕赵农科”App网络科技服务平台构建，开辟技术传播新途径。加强农业规划设计，在涉县制作巨幅大地稻田画《女娲补天》，成为河北省旅游产业发展大会标志性景观和县域新地标。提出技术政策建议（报告）36份，其中，与中国农业科学院、山东省农业科学院联合提出“中国粮食发展研究”调研报告得到农业农村部3位部领导批示，近20篇建议得到省领导批示或主管部门采纳。大力开展科技引领乡村振兴示范村建设，积极参与全省文化科技卫生“三下乡”集中示范活动，推荐“三区”人才和科技特派员147名，完成省级科技特派员认证备案105名。扎实做好驻村帮扶工作，完成驻村人员调整，帮助新建新型冷棚1 600 m^2，探索开展鲜食葡萄、西甜瓜和特色蔬菜技术示范，确保两个村坚决不发生规模返贫，实现从脱贫攻坚到乡村振兴的平稳过渡。

（8）科技成果转化推广亮点纷呈

依托我院自研新品种新技术，在全省9个设区市的40个县（市、区）建设科技成果示范基地44个，累计示范面积6.87万亩，辐射带动面积188万亩，示范新品种新技术300余项，服务省级以上园区、农业企业等新型经营主体60余家，示范效果得到主管部门和广大农民认可，多个基地被中央电视台、人民日报、河北日报等国家、省主流媒体宣传报道。以我院为技术依托单位，宁晋县被农业农村部遴选为全国农业科技现代化先行县。持续深化院市科技合作，高标准实施与衡水市、邯郸市、定州市的科技合作项目，与秦皇岛市达成科技合作意向，围绕小麦、玉米、谷子、高粱、甘薯、油菜、特色果蔬、中药材、畜禽粪污资源化利用等22个产业开展“定制式”合作服务，建立高标准示范样板73个，培育企业（产品）品牌20余个，服务省级农业创新驿站10个，省产业技术研究院5家。作为技术依托单位，助力支撑4个村镇入选第十一批全国“一村一品”示范村镇，促进了县域主导产业的健康发展。

（四）山西农业大学（山西省农业科学院）

1. 机构发展情况

山西农业大学（山西省农业科学院）现有管理机构 15 个、教学机构 22 个、科研机构 20 个、其他机构 3 个，其中，山西农业大学资产经营有限公司于 2021 年 6 月改制成立；山西省蚕业科学院于 2021 年 10 月从山西省农业农村厅划转至我校。2021 年，全校有教职工 4 495 人（增加 121 人），其中，正高级专业技术人员 471 人（增加 25 人），副高级专业技术人员 1 232 人（增加 148 人）；博士生导师 121 人（增加 3 人），硕士生导师 869 人（增加 135 人）。2 名专家被新聘为国家农业产业技术体系岗位科学家，新增 2 个国家现代农业产业技术体系综合试验站；在山西省现代农业产业技术体系重塑性改革过程中，17 个体系中我校有 14 名专家受聘首席专家，29 名专家受聘副首席专家，232 名专家受聘岗位专家。朱兴全教授领衔的“动物重要疫病和人兽共患病研究骨干创新团队”入选省“1331 工程”提质增效建设计划。

2. 科研活动及成效

（1）科研项目与经费

2021 年新增各级各类纵向项目 776 项、横向项目 465 项。其中，国家自然科学基金项目 32 项，比上年翻了一番，韩渊怀教授申报的“生态环境对谷子品质的影响及其机制”首次获批区域创新联合发展基金重点项目，王娟玲研究员主持的“有机旱作农业耐瘠抗逆节水增效技术模式与应用”和孔照胜研究员主持的“杂豆产业关键技术研究与应用示范”项目获批国家重点研发计划部省联动项目，国拨经费达 1.045 亿元，结束了我校“十三五”以来再未承担国家重点研发计划项目的历史。“山西省国家牧草种质资源圃”等 3 项目获批中央预算内投资农业项目。省基础研究计划（第一批）立项 160 项，位列山西省第二位。新增科研项目合同经费 47 635.5 万元（纵向 39 859.2 万元、横向 4 607.3 万元、学校 3 169 万元），当年科研经费投入总量 34 186.8 万元（纵向 23 040.3 万元、横向 4 188 万元、学校 6 958.5 万元）。

（2）科研成果与奖励

获得各级各类成果奖励 62 项，其中，国家科学技术进步奖 1 项、山西省科学技术奖 45 项、山西省专利奖 1 项、神农中华农业科技奖 5 项、中国植物保护学会科技成果奖 2 项、梁希林业科学技术奖 1 项、山西省社会科学研究优秀成果“百部（篇）工程”奖 1 项、山西省公共管理领域优秀科研成果奖 6 项。我校参与完成的“北方旱地农田抗旱适水种植技术及应用”项目获 2020 年度国家科学技术进步奖二等奖，实现了国家奖连续 3 个年度不间断。主持完成的 2 个项目获山西省科学技术奖一等奖，主持完成的 1 个项目获中国植物保护学会科技成果奖一等奖。首次获得山西省社会科学研究优秀成果“百部（篇）工程”奖一等奖 1 项、山西省公共管理领域优秀科研成果一等奖 1 项。

产出各类科研成果 751 项，其中，授权专利 417 项（国际专利 8 项、国家发明专利 122 项、实用新型专利 280 项、外观设计专利 2 项），植物新品种权 5 项，登记软件著作权 138 个，审（认）定、登记新品种 127 个（国家审定 4 个、国家认定 1 个、省级审定 64 个、登记 19 个、省级认定 39 个），注册新兽药 1 个，发布地方标准 37 个（省级标准体系 1 个、省级标准 19 个、市级标准 5 个、团体标准 12 个），评价成果 10 项，出版著作 21 部（专著 9 部、编著 12 部）。发表学术论文 1 600 余篇，其中，SCI 源期刊 336 篇（1 区 top27 篇、1 区其他 2 篇、2 区 top58 篇、2 区其他 72 篇、3 区 102 篇、4 区 75 篇），EI 源期刊 51 篇，CSSCI 源期刊 8 篇。

朱兴全教授在国际著名学术期刊 *Clinical Microbiology Reviews* 发表了题为“*Epidemiology, Pathophysiology, Diagnosis, and Management of Cerebral Toxoplasmosis*”的综述性论文，该期刊最新影响因子为 50.129。论文从弓形虫的生活史、传播途径、人体弓形虫病的流行病学、脑弓形虫病的分子发病机制、临床症状、诊断检测方法、治疗和预防等多方面，系统、全面地论述了人体脑弓形虫病，并对今后的研究方向进行了展望。该论文对人体脑弓形虫病的预防、控制及进一步深入研究具有重要指导意义。

马瑞燕团队主持完成精准治理果园梨小食心虫“仿生”关键技术研发及标准化应用，以梨小食心虫的生物信息通信为理论基础，开展了“双仿生”研发，形成了精准治理梨小食心虫的新策略、新技术、新产品和新标准。成果优化了性信息素合成路线，同时研制了多种信息素相关产品；揭示了梨小食心虫的婚育策略和时空分布，提出了以迷向治理梨小食心虫的精准策略；基于 28 项诱捕参数制定了性信息素应用标准；集成了以“仿生”为核心的果园害虫生 态防控技术体系。成果为现代果业的转型升级、发展有机农业、产业振兴提供了技术支撑和科技引领。

牛自勉团队联合中国农业大学等国内知名科研院校研发完成梨优质高效标准化生产技术研究与示范，研究以我国梨产业转型发展面临的突出问题为导向，采用关键机理突破带动技术创新的研究路线，创建了以高效树形整形修剪、花果简约省力管理、肥水经济高效利用三大集群技术为核心的现代梨树优质高效生产模式，在我国北方 9 省（市）建成了标准化试验示范基地，推广应用 300 万亩，带动了产业升级和技术进步。

（3）科研平台与期刊

新增 10 个省部级创新平台（基地），其中，“太谷国家现代农业产业科技创新中心黄土高原功能农业重点实验室”等 3 个农业科技创新条件建设项目列入中央预算内投资计划；国家林业和草原局“山西右玉草原生态系统国家长期科研基地”“杂粮种质创新与分子育种山西省重点实验室”等 5 个省重点实验室落户我校；“黄土高原特色作物优质高效生产省部共建协同创新中心”“农业废弃物资源化利用省级协同创新中心”“山西畜禽与兽药产业技术创新研究院（联盟）”列入省“1331 工程”提质增效建设计划。“省部共建有机旱作农业国家重点实验室”经省政府推荐已上报科技部。

《山西农业大学学报（自然科学版）》再次入选北大核心期刊（2020 版），晋级 RCCSE 中国核心学术期刊（A）、中国农林核心期刊（A 类）、CAB 国际文摘数据库；《山西农业大学学报（社会科学版）》再次入选中国人文社会科学引文数据库（CHSSCD），首次入选 RCCSE 中国核心学术期刊（A^-）；《山西农业科学》影响因子提升至 1.191，入选中国农林核心期刊（A 类），获批国际刊名代码 CODEN 码（SNKHCO）；《乡村发展研究》更名成功；发起成立中国乡村振兴学术交流联盟（期刊）、农业科学数字出版平台、山西省期刊协会高校期刊委员会。

（4）科技交流与合作

积极推进国际合作，开创性做好对外交流工作。首次获批“汉语桥”线上团组交流项目，获批首个上合现代农业发展研究院资助项目，获批建设“科创中国”“一带一路”国际高粱产业科技创新院，获批国家留学基金委“促进与加拿大、澳大利亚、新西兰及拉美地区科研合作与高层次人才培养项目”；与美国等国家合作“散养与集约化饲养肉驴对肉品质的影响和调控机制的研究”“猪 PCV2 新型基因工程亚单位疫苗的研究”“马达加斯加棉花高产高效栽培关键技术研究与应用”等项目继续实施，新增国际合作“健康土壤评价与保育技术研究”“小麦外源抗病基因的克隆及其分子育种”等项目；召开了“第二届世界乡村复兴大会”、承办了“第三届绿色植保技术创新国际高端论坛”等国际会议，共有 175 人参加国际学术活动，其中有 38 篇论文进行会议交流，7 位专家应邀作报告；贝宁共和国驻华大使西蒙·阿多韦兰德等国际人士来我校开展合作交流。

继续夯实国内合作基础，新增“食葵品种太食 971 和太食 3196 在新疆的示范推广”等京津冀合作、援青援藏援甸及其他省级合作项目 12 项；与地方政府共建了屯留辣椒产业研究院、隰县玉露香梨产业研究院、吕梁现代农业产业研究院等特色产业研究院，实施校地（校企）合作项目 111 个，全年到位经费 1 550 万元；承办第十八届华北六省（自治区、直辖市）农学会学术年会国内学术会议 28 次，高福院士、朱有勇院士、南志标院士、王韧研究员等国内知名学者专家来我校开展学术交流，全年共邀请校外专家举办学术讲座 181 次，老师和科研人员外出参加学术会议 428 人次；接待全国人大、全国政协、科技部、农业农村部、团中央、省委省政府、省内相关厅局等上级部门，江西农业大学、河南农业大学、安徽农业大学等省内外兄弟校，各县区来访交流活动 80 余次，促进了校地、校际交流，展现了新农大的良好形象。

（5）社会服务与乡村振兴

一是初步建成服务乡村振兴专家库，目前库内专家 274 人，涵盖种植、养殖、食品加工等 16 个领域。二是围绕服务我省农产品精深加工十大产业集群发展，组建 30 支技术推广服务团队。三是选派“三区”人才 649 人，组成 58 个科技特派团，深入全省 58 个县区农村基层，为企业、农民专业合作社等提供科技服务。

2021 年度，我校“农业产业发展科技引领工程”项目聚焦“特”“优”战略，针对县域主导产业和特色产业发展中的瓶颈问题，立项 15 项，总投资 600 万元，在全省 12 个县区实施项目。示范面积 5 214 亩，推广新品种 104 个、新技术 81 项，建立各类示范基地 18 个，建设专家大院、科技小院 6 个，通过线上、线下多种方式组织农民培训 5 306 人次，组织学生实习实践活动 1 271 人次，省级以上宣传报道 50 次。大力开展乡村振兴工作，在陵川县丈河村、万荣县闫景村等 6 个乡村振兴示范村建设的基础上，与乡村振兴局在产业振兴等方面进行深入合作。5 月，在万荣县召开乡村振兴示范村建设行动观摩交流会，总结交流了闫景村的建设经验，提高了我校乡村振兴示范村建设的显示度。

（6）科技成果转化推广

2021 年度，全校转让或许可实施成果 68 项，交易金额 1 317 万元，到账金额 1 319.79 万元。较近 3 年平均水平（675 万元）有所提高，其中我校玉米研究所武忠团队所育玉米品种“瑞普 909”由山西三联现代农业科技公司进行开发经营，截至 2021 年，总计收到品 种转让费 610 万元和 240 万元的后续研发费用，自 2017 年审定推广以来，累计推广 3 207.47 万亩，增加社会效益 29.21 亿元；经济作物研究所赵铭森团队培育的“晋麻 4 号”雌雄异株，与河南省金博士种业有限公司达成品种权转让协议，转让金额 200 万元。当年推广面积 3 000 亩，企业及农户获经济效益 500 万元左右，获社会效益 1 200 万元左右。我校在晋中国家农业高新技术产业示范区建成 300 m^2 的山西农业成果转移转化中心，为推进成果转化工作提供了平台基础；同时修订完成《山西农业大学成果转化管理办法》，进一步规范成果转化工作。

（五）内蒙古自治区农牧业科学院

1. 机构发展情况

2020 年 12 月 31 日，内蒙古自治区党委办公厅、自治区人民政府办公厅印发《关于印发〈内蒙古自治区农牧业科学院职能配置、内设机构和人员编制规定〉的通知》（厅发〔2020〕19 号），内蒙古自治区农牧业科学院设立党组，核定事业编制人数 437 名，内设管理机构 8 个、业务机构 15 个。

2. 科研活动及成效

一是科技项目争取数量和质量稳步提升。2021 年争取各级各类科技项目 332 项，立项资金 1.67 亿元，同比项目数增加 115 项（53.0%）、资金数增加 4 300 万元（34.7%）。其中，科研类项目 303 项、成果推广示范类项目 13 项、人才类项目 16 项。科研类项目中，承担“国家重点研发计划”项目 5 项、“国家现代农业产业技术体系”项目 33 项，新增中国科学院战略性先导科技专项 4 项、国家自然科学基金项目 8 项、自治区科技重大专项 16 项、内蒙古自然科学基金项目 14 项，承担了“第三次全国农作物种质资源普查与收集行动”；成果推广示范类项目中，自治区财政支持农牧业科技推广示范项目 12 项，并列入 2022 年专项资金项目；人才类项目中，草原英才项目 3 项、高层次人才科技支持资助项目 8 项。

二是重要研究取得进展。① 北方农牧交错区退化农田风蚀防治与地力培育关键技术，历经 16 年攻关，在退化农田风蚀防治与地力培育关键技术等方面取得了重要创新成果，实现了生态保护、生产发展和农民增收同步提升。②“多脊椎和短脂尾蒙古羊选育及关键技术集成示范”项目，以基因组育种技术为核心，研发了绵羊群选群配（P2P）和母羊综合选择指数（LEY）育种新技术，创新性地实践了优良蒙古羊的本品种选育，打破了全靠引进国外肉羊

授予内蒙古自治区农牧业科学院“多脊椎和短脂尾蒙古羊选育及关键技术集成示范”2020 年度自治区科学技术进步一等奖

农作物种质资源的生物多样性示例

品种改良地方品种的现状，对于创新“蒙古羊芯片”，提高我国肉羊种业核心竞争力具有重要意义。③“农作物种质资源收集保存评价及优良种质创制与应用”项目，首次系统规范性地对内蒙古的各类农作物种质资源进行收集保存与鉴定评价，共收集保存31 367份；收集保种濒危地方农作物资源1 162份；建立了种质资源相关数据信息查询平台；筛选创新出特优异及品质优和抗性强的各类作物种质资源3 012份；育成农作物新品种6个并进行推广应用。

三是科研平台建设取得新的突破。2021年获批“农业农村部黑土地保护与利用重点实验室”，实现了我区耕地保护领域部级重点实验室零的突破；获批“内蒙古自治区青贮饲料微生物生态学重点实验室”、科创中国“一带一路”国际农业科技创新院“中蒙俄特色作物及地方家畜区域科技创新院”；我院巴音哈太基地获批国家林业和草原局“荒漠草原野生乡土草种繁育基地”。新增国家现代农业产业技术体系岗位科学家和试验站站长各1名，现有首席科学家2名、岗位科学家19名、试验站站长12名。

四是科技成果取得重大突破。2021年获省部级科技奖励6项，其中，获神农中华农业科技奖科学研究类成果一等奖1项，实现自治区零的突破；获自治区科学技术进步奖一等奖2项、二等奖1项、三等奖2项。获自治区哲学社会科学优秀成果奖二等奖1项。审（认）定农作物新品种7个，在中国微生物菌种保藏中心认定保藏菌株10株。授权国际国内专利116件（同比增加32件），其中国际专利3件、发明专利11件。获批软件著作权101件，审定标准98项（同比增加7项），成果登记21项。

神农中华农业科技奖
证　书

为表彰在我国农业科学技术进步工作中做出突出贡献的获奖者，特颁发此证书，以资鼓励。

成果名称：北方农牧交错区退化农田风蚀防治与地力培育关键技术
奖励等级：一等奖
获 奖 者：路战远（第1完成人）
获奖者单位：内蒙古自治区农牧业科学院

证书编号：2021-KJ022-1-R01

2021年10月13日

授予内蒙古自治区农牧业科学院
“北方农牧交错区退化农田风蚀防治与地力培育关键技术”
神农中华农业科技奖一等奖

发表论文165篇，其中SCI论文11篇（同比增加1篇）。出版专著11部。申报入选国家2021年农业主推技术1项、自治区农牧业主推技术6项，入选自治区2022年农牧业主推技术16项。

成果转移转化取得新的进展。转让新品种2个，专利技术3项，转让金额共为80万元；为当地政府、涉农企业、合作社提供技术服务和技术指导15项，服务金额375.8万元，成果转化收益合计455.8万元。

五是学科发展稳步推进。2021年我院紧抓“十四五”开局之年发展契机，认真贯彻落实党和国家以及自治区的决策部署，围绕自治区农牧业和农村牧区发展重大科技需求对院各级各类学科进一步梳理，分为优势学科、重点学科和培育学科3类，现有学科领域52个，重点研究方向97个。

六是科技合作与交流不断深化。① 国内外科技合作与交流展现更高水平。2021年依托国家和自治区外国专家高端引进项目等，与澳大利亚、法国等12个国家的47位专家进行了线上交流培训。主办了“作物生产与土壤安全国际学术论坛”和“第一届国际蒙古羊高峰论坛”等国际论坛，承办了“第九届国际东亚生态学会”。通过合作项目与国家级科研院所、高等院校、企业开展了广泛的科技合作。② 创新联盟工作积极推进。2021年我院牵头成立的内蒙古农牧业科技创新联盟协同开展了5项重点任务，取得一系列重要突破和重大进展。此外，还参加了东北农业科技协同创新联盟、黄河流域生态保护和高质量发展农业科技协同创新联盟以及国际种业科学家联合体。

七是科技示范推广成效突出。2021年聚焦自治区主导产业，在11个盟市，65个旗县，建立了167个核心示范区，推广示范了新品种39个、新技术82项和新产品18种，辐射推广农作物54.8万亩、家畜19.6万头（只），线下培训核心技术人员、农牧民2.1万人次，总社会经济效益达到1.56亿元；利用我院融媒体中心，组织全院48位专家，通过内蒙古农牧通平台开展线上培训，累计访问人数超过33万人次。

八是通过合作共建促进乡村振兴。2021年继续深化与巴彦淖尔市、乌兰察布市、通辽市、呼伦贝尔市4个科技示范市和杭锦后旗、四子王旗等11个科技成果转移转化示范旗县的“院地共建”科技示范工程。与巴林右旗、克什克腾旗、察右中旗签署了《乡村振兴科技支撑示范旗建设五年行动》合作协议；与巴林右旗人民政府共建全国农业科技现代化先行县；在科右中旗乡村振兴帮扶工作中开展肉牛、玉米和大葱产业项目，着力推进乡村振兴帮扶工作。

辽宁中部核心区水稻测产验收会

主持完成国家重点研发计划项目“辽宁春玉米密植抗逆丰产增效关键技术研究与示范”，筛选出辽单 575、盐丰 47 等 29 个氮高效、抗旱、宜机收的玉米、水稻新品种，建立了春玉米和水稻高产耕层构建综合性状指标评价体系各 2 套，构建了丰产增效栽培技术模式 13 套，制定了技术标准（规程）16 项，授权专利 35 项。主持完成国家重点研发计划项目“北方水稻化肥农药减施技术集成研究与示范”，建立了“稻田生态系统生物多样性结构优化生态控害技术体系”，创建了“稻蟹综合种养化肥农药生态减施技术模式”等区域性技术模式 12 套。

（3）学科发展与团队建设

完成 96 个学科中期评估，形成《学科建设工作中期考核评估总体情况报告》和《学科建设中期考核评估报告》。2021 年度提档支持学科 9 个，取消支持 4 个，降档支持 6 个，新增支持 6 个，做到了“奖优罚劣，能上能下”动态管理。蓝莓种质资源创新岗位，花卉、樱桃综合试验站等团队，跻身“十四五”国家现代农业产业技术体系。“北方特色经济林育种与栽培”创新团队入选第三批国家林业和草原科技创新团队。

（4）科技平台建设

“榛子国家林木种质资源库”“杨树国家林木种质资源库”两个国家林业种质资源平台获国家林业和草原局认定，“辽宁白石砬子生态站”“辽东半岛生态站”入选国家林草生态综合监测站；“药用植物种质创新及综合利用重点实验室”和“农业机械装备再制造创新重点实验室”2 个省级重点实验室获批建；李杏、花卉、中药材等 8 个省级农作物种质资源保护单位获省认定，实现了资源平台建设的再突破。

（5）科技成果

获国家科学技术进步奖二等奖 1 项（参加），梁希林业科学技术奖二等奖 4 项、三等奖 3 项，2020—2021 年度农业节水科技奖一等奖 1 项。获辽宁省科学技术进步奖一等奖 1 项、二等奖 3 项、三等奖 2 项。获授权专利 175 项，制定标准 50 个，育成新品种 63 个。水稻新品种盐粳 476 和辽香粳 1396 获第八次全国优良食味粳稻品种品评一等奖；水稻旱直播技术取得新突破，直播稻产量达 623.5kg/ 亩，创辽宁省直播稻高产纪录。育成国审大豆新品种辽鲜豆 17、辽鲜豆 18，打破 10 年来北方无国审鲜食大豆品种的局面。

（6）合作交流

积极加强对外交流合作，主动搭建合作平台，创新工作机制，建立了 6 个国际联合实验室、2 个省“一带一路”重点实验室，在玉米、水稻、李杏、浆果等领域开展了卓有成效的交流合作，2021 年我院获批“国际农作物育种东北区域科技创新院”。不断深化国内合作，与中国农业科学院、中国农业大学等一批国家级科研院所和高校积极合作，开展保护性耕作技术研究与机具研发等。成功对接张新友院士、李培武院士 2 个院士团队到辽宁开展合作研究。

（7）科技服务与成果转化

聚焦辽宁省农业产业高质量发展，深入实施院乡村振兴科技支撑行动，在全省 50 多个县区开展科技服务，构建具有辽宁特色的“省农业科学院 +”科技服务体系。建立科技示范区、示范基地、特色乡村等 1 086 个，扶持新型农业经营主体 809 家，示范推广新品种 420 个、新技术 680 项，覆盖面积 3 000 万亩。其中，辽宁省南芬区冷水鱼科技特派团获评 2021 年全国文化科技卫生“三下乡”活动优秀团队。

选派 27 个科技副职，组建 45 个专家团队，持续为阜新、抚顺、铁岭等 10 个共建地区开展科技服务。扶持的东港市椅圈镇等 9 个村镇入选 2021 年“全国一村一品示范村镇”，凌源花卉、桓仁林下参 2 个产业基地入选 2021 国家现代农业产业园，铁岭县入选 2021 年国家农业现代化示范区。围绕“一圈一带两区”区域发展格局，重点打造 5 个现代农业示范区，面积达 9 200 亩，对接新型农业经营主体 24 家。打造 10 个科技强镇，其中辽峰科技小镇被农业农村部授予“乡村振兴科技示范园”，为灯塔市全国农业科技现代化先行县建设提供科技支撑。自主设立 76 个乡村振兴科技产业项目，重点扶持彰武地瓜、铁岭榛子、辽宁道地中药材、辽西杂粮、彰武鲜切花等特色产业发展。协调自主经费 600 多万元在对口帮扶的 7 县 12 村优先实施科技项目，建立 132 个产业帮扶示范基地。持续与绥中、彰武、兴城实施科技帮扶引领示范基地共建，同时扶持 23 个脱贫村发展村集体经济，打造 30 个乡村振兴科技引领示范村。组建 71 个科技成果转化专家服务团队，开展成果转化项目对接 20 余次。创新成果转化定价和竞价机制，完成技术合同 556 项，合同收入突破 5 056 万元。

（七）吉林省农业科学院

1. 机构发展情况

吉林省农业科学院成立于 1959 年，是省政府直属的以应用研究为主，兼顾应用基础研究和公益性科技工作的综合性农业科研机构。2004 年吉林省政府和中国农业科学院依托吉林省农业科学院共建“中国农业科技东北创新中心”，与吉林省农业科学院合署办公。全院下设畜牧兽医、动物生物技术、动物营养与饲料、草地与生态、农业生物技术、大豆、农业资源与环境、农业经济与信息、农产品加工、植物保护、作物资源、果树、玉米、水稻、经济植物、农村能源与生态、花生、农业质量标准与检测技术、试验地综合服务中心、洮南综合试验站 20 个科研科辅机构，1 个海南科学实验基地。

现有在职职工 1 133 人，科技人员 836 人，其中，高级研究人员 425 人。现有博士 179 人、硕士 388 人，双聘院士 1 人，博士生导师 5 人，硕士生导师 142 人。182 人次获得省级以上荣誉称号，其中“百千万人才工程”国家级人选 5 人，全国杰出专业技术人才 1 人，国家“有突出贡献中青年专家”3 人，国务院政府特殊津贴专家 17 人，农业农村部农业科研杰出人才 3 人，农业农村部杰出青年农业科学家 1 人，吉林省资深高级专家 2 人，吉林省高级专家 19 人，吉林省杰出创新创业人才 2 人，“长白山人才工程”9 人（其中，杰出人才 1 人、领军人才 2 人、产业项目研发团队领军人才 1 人、青年拔尖人才 1 人、基层专业技术人才 1 人、特聘青年拔尖人才 3 人），吉林省拔尖创新人才 78 人，吉林省有突出贡献中青年专业技术人才 40 人，吉林省优秀专业技术人才 1 人，吉林省优秀高技能人才 1 人。

承建各类国家和省级科研平台 100 个，现有仪器设备 14 862 台套，其中 1 万元以上的 3 709 台套。收集保存玉米、水稻、大豆、杂粮杂豆、特色蔬菜、抗寒果树、工业大麻等各类农作物种质资源 75 656 份。收藏科技文献 30 余万册，各种珍贵档案资料 7 万余卷。编辑出版《玉米科学》《东北农业科学》《农业科技管理》3 个学术期刊。设有“农友网”“吉林星火计划网”“吉林玉米网”3 个网站和“吉林星火计划网”55 个市（州）、县子网。

2. 科研活动及成效

2021 年，全院坚持以习近平新时代中国特色社会主义思想为指导，在省委、省政府的坚强领导下，全院职工勠力同心谋发展、砥砺前行开新篇，较好地完成了年度主要目标任务，实现了“十四五”良好开局。

（1）项目承担能力

新立项目 502 项，总经费 2.4 亿元。其中，科技部重点研发计划课题“东北中部区早熟高产抗逆宜机收玉米新种质创制与应用”，经费 900 万元；科技基础资源调查课题“松嫩平原南部薄层黑土农田土壤资源与健康状况调查”，经费 137 万元。农业农村部国家产业技术体系项目 27 项（岗位科学家 16 项，试验站 11 项），经费 1 342 万元；转基因重大专项任务 3 项，经费 726.05 万元。“农业农村部肉牛遗传育种重点实验室”建设总投资 1 648 万元；“吉林省作物种质资源保护与利用中心”总投资 1 500 万元。

（2）科技成果产出

鉴定验收项目 154 项；审定（登记）动植物新品种 73 个；获得植物新品种权 12 件；获得授权专利 101 件；发布农业标准 18 项；出版著作 7 部；发表学术论文 371 篇，其中，SCI/EI 论文 100 篇。获得各级奖励 16 项，其中，神农中华农业科技奖一等奖 1 项、三等奖 1 项，吉林省科学技术奖一等奖 5 项、二等奖 8 项，吉林省成果转化贡献奖 1 项。作为第一完成单位获得吉林省科学技术进步奖一等奖 3 项，占据全省农业类一等奖的 50%。

（3）重点研究领域

育种研究：我院 4 个玉米自交系入选“全国杰出贡献玉米自交系”；“吉单 436”成为继“吉单 66”后我院第二个国审籽粒机收品种；“吉农糯 77”是东北第一个通过审定的甜糯玉米品种；单倍体技术研究取得新突破，自然加倍率达 80% 以上。“吉粳 816”成为吉林大米品牌的标志品种；“吉粳 830”获“第八次全国优良食味粳稻品评”特等奖、“第二届国际米食味品鉴大会中国区总决赛”金奖。高产高蛋白大豆新品种“吉育 3513”，蛋白质含量达

大豆新品种“吉育 209”亩产突破 310 kg

“北方油莎豆产业化关键技术研究与示范暨吉林省油莎豆产业发展重大科技专项”春播现场会

44.62%。“中吉 602”“吉育 209”在吉林省不同生态区亩产突破 310 千克。大豆杂种优势利用研究，连续 4 年制种产量突破每亩 110 千克。“公谷 89”“公谷 90”获评第十四届国家一级优质米；选育出省内首个杂交谷子“吉杂谷 1 号”，增产 18%。审定矮秆耐密植春小麦品种“吉春 28”，增产 5.13%。育成省内首个抗豆象绿豆品种“吉绿 16”。玉米基因编辑技术应用研究，实现了早熟、矮秆、糯性等多个育种价值基因的精准编辑，大大加速了玉米生物育种进程。高粱、花生、向日葵、油莎豆、甘薯、马铃薯、果树、苜蓿、羊草新品系等育种研究取得新进展。收集引进农作物种质资源 4 000 余份，筛选、创制新种质 70 余份。黑土地保护与利用：创建的高强度利用条件下黑土地增碳提质与玉米节肥增效生产技术体系，得到大

花生玉米带状轮作定位试验展示田

秸秆深翻还田水肥一体化技术田间示范

向日葵二比空栽培技术展示田

面积示范与推广应用。制定了评价不同肥力土壤微生物学肥力差异的技术规范，提出了基于微生物产品的提升土壤有机质、土壤污染修复以及营养促生等优化土壤环境的关键技术，在黑土区广泛示范应用。耕作栽培研究：开展吉林省西部玉米节水技术研究与示范，实现玉米水氮高效利用和轻简化滴灌栽培。开展稻草还田养分施用、新开撂荒盐碱地水田恢复生产、直播稻等关键技术研究。米豆轮作、花生、经济植物、牧草等耕作栽培研究扎实推进。植物保护研究：提出以生物防治为主的水稻全生育期病虫草害绿色防控技术，整体防效达 80% 以上；揭示玉米蚜、玉米穗腐病等重要病虫害灾变新规律，提出一体化防控技术方案；研制的除草剂增效剂，防效提高 12%；研制的新型花生种衣剂，出苗率提高 3% 以上；研发白僵菌与赤眼蜂，白僵菌与 Bt 工程菌协同防治技术，推广 100 余万亩，提高防效 10% 以上。畜牧科学研究：选育出沃金黑牛、双乾肉羊、多胎肉羊新品种核心群，建立吉林马保种核心群；选育新吉林黑猪、吉林芦花鸡矮脚系、吉林黑鸡核心群。构建鸡高效健康养殖技术体系，达到国际先进水平。抗生素替代技术研究：获得具有较强耐药性的鸡源产气荚膜梭菌 4 株；获得耐低温植物乳杆菌 2 株，对细菌性肠炎具备明显抑制作用。建立畜禽养殖废弃物、玉米秸秆和微生物菌剂混合堆肥发酵技术体系，研发出有机肥中试产品。筛选出民猪、牛、羊等畜禽生长、繁殖、抗逆等相关基因近 90 个。其他研究：抗病虫转基因大豆研究被列为国家转基因专项 9 个标志性成果之一；氮肥高效利用转基因玉米新品系实现在低氮条件下增产 13%，处于国内研发最前沿；吉林省首个优质抗虫粳稻新品系获批环境释放试验。开展油莎豆、高粱、玉米粉、菊芋、不老莓、沙棘等深加工研究，开发系列主食产

优良食味粳稻吉粳 816 示范田

转基因抗虫抗除草剂玉米田间展示

品、发酵食品和健康饮品。开展酸菜专用乳酸菌发酵剂、低脂干酪加工关键技术研究及产品开发。转基因作物安全评价与分子检测、植物新品种测试、作物安全生产研究进展显著，建立了 6 项检测新方法，实现对国内外研发转基因新产品成分的精准鉴定。开发农村生活垃圾分类、厕所改造、污水处理等关键技术；开发出耐低温（-35℃）兼性厌氧商品化生物菌剂，建设 1 处寒地沼气中试试验工程。首次获批国家社会科学基金项目，参与了吉林省推进农业农村现代化、绿色发展、畜牧业发展等“十四五”重要规划的起草制定，举办了我院首届“农业科技管理杯”论文大赛。《玉米科学》《东北农业科学》影响因子再创新高，《农业科技管理》获农业农村部科技发展中心“突出贡献奖”。

（4）科研条件保障

全年一般公共预算财政拨款 3.1 亿元，完成院内专项审计 67 项，审计资金 2.66 亿元，提交审计报告 48 份。完成试剂耗材审批 4 999 批（项），采购总额 2 300 余万元；完成基建维修项目 17 个，合同金额 1 750 万元；圆满完成 195 工程项目工作。获批国家级科研平台 1 个，省级科研平台 6 个。启动建设“农业农村部肉牛遗传育种重点实验室”“吉林省农作物种质资源保护与利用中心”；转建“主要粮食作物国家工程研究中心”，成为目前吉林省唯一纳入新序列管理的国家工程研究中心。高质量完成院展览馆建设，成为我院对外宣传的重要窗口；退（离）休职工服务、保密、政府信息公开、网络安全、档案管理等工作卓有成效；院区环境美化、安全生产、消防安全工作整体水平明显提升。落实新冠疫情防控要求，细化防控措施，实现了疫情防控和科研工作有序运转。

（5）人才工作

全年引进博士 9 人，硕士 20 人，高层次人才 7 人；3 人获博士学位；1 名专家进入第二轮院士评审候选人；完善组会培养机制，召开组会 874 次；发挥“人才之家”作用，为 61 人争取到引进人才、博士后、研究生基金资助；5 名高层次人才通过 E 类以上人才认定。推荐各类人才 42 人次，21 人获国家和省级人才称号。其中，1 人获农业农村部农业科研杰出人才，8 人获首批“长白山人才工程”杰出人才、领军人才、青年拔尖人才。招收在读研究生 63 人，增补导师 41 人。12 名博士进站，3 名博士后出站，在站博士后 24 人。

（6）科技交流合作

深化与美国、日本、俄罗斯、西班牙等国家的科研机构、企业开展合作交流，有 2 个大豆品种计划参加俄罗斯国家品种试验；向斯洛伐克提供 5 个花生品种进行引种试验；与西班牙土壤学和应用生物学中心植物育种部达成引进西班牙李杏资源合作意向。与中国台湾芊卉国际园艺股份有限公司签署设施花卉合作协议；与辽源市政府签署《农业科技战略合作协议》，与辽源隆祥农业、吉林金满乌农业、吉林东峻科技等企业在作物育种、生猪养殖等领域签署5项合作协议和1份技术转让合同；与皓月集团、吉林德祥集团等50余家企业对接洽谈。承办大型学术会议8次，参加学术会议1300余人次；启动“农科大讲堂”活动，举办学术报告会50余次，邀请国内知名专家学者160余位作学术报告。

与辽源市人民政府签署《农业科技战略合作协议》

（7）包保帮扶与援疆援藏工作情况

遴选4名包保帮扶干部；组织职工自愿捐款4.7万元；为包保村购置垃圾清运车；免费提供芦花鸡鸡雏，培育种养殖大户，创收100余万元；开展“送温暖”“金秋助学”活动，巩固脱贫攻坚成果，扎实推进包保村、边境村振兴发展。在新疆哈巴河收集种植20类307个农作物品种，“吉单50”推广种植、中草药品种示范、蔬菜种苗发放、接待调研观摩、培训农牧民等工作，得到当地领导肯定。在西藏日喀则建立“农牧业远程视频咨询诊断服务系统”“自助式农村科技综合信息服务平台”，实现“一市十八县”农业科技信息全覆盖。

（8）服务乡村振兴和科技成果转化推广

依托乡村振兴专家服务团，举办助农在线直播课程46场，发布关键农业技术短视频396部，累计观看达5 600余万人次。提出决策咨询、农业生产建议20余份，其中，“关于全省玉米秸秆综合利用情况的调研报告”“关于‘藏粮于技’战略，建立我省生物育种联盟的建议”等4份报告、建议，获得省领导肯定性批示。依托我院建设的2个全国农业科技现代化先行县，5个乡村振兴科技引领示范县，18个乡村振兴科技引领示范村，在打造“玉米小镇”“稻田公园”“果树村”等方面，助力乡村振兴发展。其中，大遐畜牧场20万亩“玉米秸秆还田水肥一体化技术”示范区建设，得到省委书记景俊海好评。依托长春农博会展出14类作物47个品种，主推黑土保育及可持续利用等六大技术。参加北京国际科技博览会、吉林省鲜食玉米产业大会等12个成果推介会，参与长春、辽源、通化、高新区管委会、公主岭等科地对接会，宣传推介我院科技成果118项。签订技术交易合同462份，合同经费5 100余万元。经省科技厅认定登记438份，到位经费2 700余万元，净收益2 200余万元。

（八）黑龙江省农业科学院

面对严峻复杂的国内外形势，特别是新冠疫情的持续冲击，全院上下坚持以习近平新时代中国特色社会主义思想为指导，在省委、省政府的坚强领导下，疫情防控稳健有力，改革创新稳步发展，重点工作稳中向好，较好地完成了年度主要目标任务，为“十四五”开了好头。

一是坚持加强党建引领，提升了全院组织力、凝聚力。制定、下发《院意识形态工作责任制检查考核制度》等 17 项制度，完成全院党委（支部）和机关两委换届改选或增选。先优模范和团队不断涌现，聂守军被评为全国优秀共产党员，卢淑雯荣获全国五一劳动奖章等荣誉。

二是全力争取科研立项，积蓄了创新发展新动能。全年新增国家、省部级项目 70 项，新增科研业务经费 1.3 亿元。国家现代农业产业技术体系 19 个科学家岗位和 32 个试验站全部获得持续支持，并新增设克山马铃薯试验站，试验站总数达到 33 个，争取到省重点研发计划项目 4 项，省属科研院所科研业务费高水平项目 3 项、重点项目 12 项。

三是扎实推进平台建设，夯实了高质量发展基础。国家耐盐碱水稻技术创新中心东北分中心建设正式获得科技部批复，标志着我院国家级科研平台建设又有新进展。黑龙江省黑土保护利用研究院正式挂牌成立。寒地作物种质资源库成为唯一获得国家支持的地方资源库。

四是着力提高人才培养质量，提升了拔尖人才行业站位。刘娣、潘国君两位学科带头人入围 2021 年院士增选有效候选人。潘国君团队获第六届全国杰出专业技术人才先进集体，张喜娟获得中国农学会青年科技奖。新增国家现代农业产业技术体系岗位科学家孙磊、试验站站长王立春，新增黑龙江省现代农业产业技术协同创新推广体系 5 名首席专家。

五是持续狠抓自主创新能力，提升了重大成果产出率。审定农作物新品种 95 个，其中，玉米 20 个、水稻 39 个、大豆 26 个、小麦 10 个；登记高粱、马铃薯、工业大麻、向日葵等 9 类农作物新品种 39 项。“松巴民”猪配套系完成农业农村部种猪测定中心的测评工作，满足申报国家级生猪新品种要求。全院共有 27 项成果获得省部级以上奖励，其中，绥化分院聂守军以第三名获国家科学技术进步奖一等奖、玉米研究所扈光辉以第四名获国家科学技术进步奖二等奖、绥化分院付亚书团队获黑龙江省科学技术进步奖一等奖、科技推广处马冬君团队获神农中华农业科技奖科学普及奖。

聂守军以第三名获国家科学技术进步奖一等奖

付亚书团队获黑龙江省科学技术进步奖一等奖

六是加快构建成果转化体系，加深了产业融合度。在全国农业科学院系统率先建设“农业科技成果转化 OA 管理体系”，实现由产出到转化的“一站式”闭环管理。成立黑龙江省龙科资产经营管理有限公司，对院属企业进行统一监管。龙科产权交易中心累计完成 84 件科技成果的审核、评估及转化，涉及金额 9 366 万元，较上一年度增幅 52.7%。

七是转段聚焦乡村振兴，融入了农业现代化服务体系。联合富锦市成功申请到全国农业科技现代化先行县共建项目，与地方政府谋划了 8 个协同攻关专项，并已有序组织实施。全院 334 名科技特派员通过“线上线下”相结合的形式，服务企业和合作社 173 个，组织培训 934 场，培训 25 273 人次，解决生产问题 5 905 个，建立网络服务账号 328 个，网络服务 12 万人次。

八是坚决贯彻省委部署，完成了机构改革任务。院党组着眼长远发展，经过科学系统的资源整合调配，在涉改单位的大力支持和配合下，顺利完成了省委下达的机构改革任务目标。改革后，院属单位由原来的 32 个精简至 29 个，全院事业编制人数由 2 640 名精简至 2 608 名。

九是赢得支持解决干部超配，实现了干部队伍新老交替。2021 年全院 68 名所处级同志着眼我院长远发展主动让位让贤，彰显了老一代农科人胸怀大局、高风亮节、勇于奉献的情

马冬君团队获神农中华农业科技奖科学普及奖

操，为年青一代树立了榜样。通过全院民主推荐、直属单位内部民主推荐、竞争上岗、笔试面试后民主推荐等选拔方式，全院提任副厅级干部1人、正处级干部21人、副处级干部45人，处级干部平均年龄由原来的52岁降至46岁、博士占比由11%提升至17%、硕士占比由49%提升至75%，新提职干部中17人有扶贫、援疆、市县挂职经历，7人从院机关交流至直属单位任职，9人从哈内单位交流至哈外单位任职。

十是不断提升院所治理能力，推进了和谐农业科学院建设。巡视整改坚持问题导向，逐一对账销号，动态清零。启动全院管理系统制度建设工程，梳理出需要完善修订的内控制度308个、需要新建的内控制度297个，制度建设正在全力推进中。改革公开招聘方式，首次引入第三方组织选才，进一步确保招聘工作公开、公正、公平。

（九）黑龙江省农垦科学院

1. 机构发展情况

黑龙江省农垦科学院成立于 1979 年，隶属于北大荒农垦集团有限公司（原黑龙江省农垦总局）管理的副厅级公益一类事业单位，是一个涵盖农作物育种、栽培、植保、农业机械、畜牧兽医、科技信息、电子技术、测试化验、农机鉴定等多学科、多专业的综合性科研机构。建院以来，累计承担各级各类科研课题（项目）1 380 项，鉴定（验收）科技成果 820 项，共培育水稻、大豆、玉米、小麦等农作物新品种 274 个。获国家、省部、农垦总局等各级各类科技奖励 396 项。获国家发明及实用新型专利 143 项，制定各级标准 77 项，计算机软件著作权登记 26 项，38 个高产优质农作物品种获得国家植物新品种保护权。其中，优质型水稻品种垦研 017 和垦香稻 169，分别获得全国优良食味粳稻品评特等奖和一等奖；玉米品种垦粘 1 号是我国第一个杂交糯玉米品种，现在被作为国审审定的对照品种，已推广到 10 余个省份；垦粘 7 号，现为黑龙江省主推糯玉米新品种；大豆品种垦豆 94 和垦丰 14，亩产量已达 300 kg 左右。

全院占地总面积 4 075.9 hm^2，职工 1 500 人，科研人员 400 余人，其中，高级专业技术人员 207 名；22 人享受国务院政府特殊津贴，12 人享受省级政府特殊津贴，省及总局级学科梯队带头人 15 人，后备带头人 22 人。

2. 科研活动及成效

根据新时代垦区现代农业产业发展对科技的需求，积极完成各级各类科研创新与科技推广项目，以此解决产业生产中存在的关键技术问题，加速垦区形成农业领域航母的宏伟目标。

（1）科研成果

2021 年全院在研各级各类科研课题 67 项。共审定农作物新品种 9 个。其中，国审 1 个，垦科豆 13；省审 8 个，垦豆 85、垦豆 89、垦甜糯 18A、垦研 1803、垦研 1804、垦稻 1819、垦稻 1866 和垦稻 1867。垦甜糯 18A 是北大荒集团（农垦）第一个甜糯品种；垦研 1803 生育期早、抗病性强、出米率好，可在第三积温带种植；垦研 1804 抗病性强、抗倒伏性好、粒型较长、出米率高，适合第二积温带搭配香型水稻种植；垦稻 1819，长粒型，优质、稳产；垦稻 1866 生育期早、后熟快、出米率高，可在第三积温带种植；垦研 1867 抗

植物新品种权证书

品种名称：垦研 017
属或者种：水稻
品种权人：黑龙江省农垦科学院
培育人：那永光 陈淑洁 李春光 王安东 萧长亮 王士强
品种权号：CNA20162391.1
申请日：2016 年 12 月 27 日
授权日：2021 年 6 月 18 日

证书号：第 2021016909 号

根据《中华人民共和国植物新品种保护条例》规定，本品种权自授予之日起生效，保护期限为 15 年。

品种权证书记载发证时的法律状态。

品种权的转让、继承、放弃、无效、终止和品种权人的姓名或名称、国籍、地址变更等事项记载在农业农村部品种权登记簿上。

部长：唐仁健

2021 年 6 月 18 日

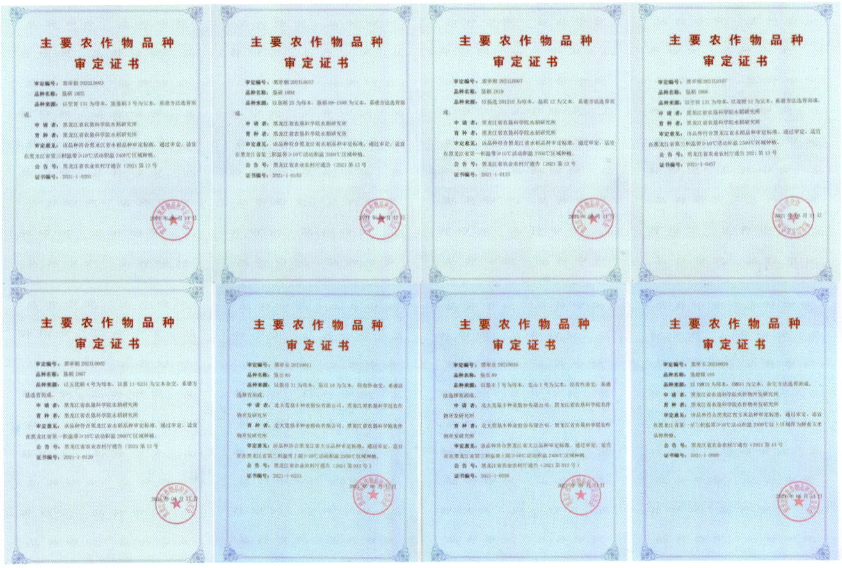
黑龙江省农垦科学院审定品种

倒伏性好、粒型长、抗病性好，适合第一积温带种植。获得 1 项新品种保护权，为垦研 017。获得授权专利 22 项。其中，发明专利 6 项，实用新型专利 16 项。共发表学术论文 63 篇。

（2）推广情况

2021 年，我院共承担黑龙江垦区全国基层农技推广体系改革与建设补助项目 21 项，经费 1 335.0 万元，其中，绿色高效集成推广项目 20 项，经费 1 320.0 万元，检查验收培训项目 1 项，经费 15.0 万元。协作农场 42 个。通过项目示范推广玉米、水稻、大豆、经济作物等优质品种 37 个，农业、畜牧、信息化等绿色高效技术 62 个，推广智能装备 13 套，改装农机深度监测装置 26 套，木耳 150 万袋，畜牧落实奶牛 4 200 头、肉牛 680 头、生猪 6 500 头、生态鹅 2 000 只、经济动物 200 只，20 个项目辐射示范推广面积 4 000 多万亩。此外，组织 20 余位专家开展了线上线下培训 30 多期，进行田间技术指导等。项目所需物化成果随着生产进程已经落实到位。

（3）对外合作情况

2021 年我院与中国农业科学院在水稻节能减排、水稻新品种选育等方面洽谈合作；与武汉大学就分子标记、组培、基因编辑、抗病基因挖掘、杂交稻种质资源创新、表型研究等方面的合作达成意向，与武汉大学杂交水稻国家重点实验室合作联合撰写了《寒地优质水稻种质资源挖掘与水稻新品种选育》项目申请书；与湖南杂交水稻研究中心继续合作开展寒地杂交粳稻研究；与沈阳农业大学合作开展省科技计划省院科技合作项目——黑龙江省优良食味粳稻新品种的选育与示范；参与《中国农垦稻米质量评价标准》解读；与北大荒农垦集团各分公司在作物种质资源创新及配套技术、作物栽培技术与植物保护、黑土地保护与利用、智能农机、数字农业、机收减损、畜牧兽医等七大方向开展全方位的科技合作。

（4）农技服务情况

为更好地服务广大农户，通过融媒体平台组织我院各领域专家开展2021年院融媒体“农业科技大讲堂”活动，共录制视频30多期，邀请了20余位专家；内容包含水稻、玉米、大豆、小麦、马铃薯、畜牧养殖和农机等方面；开展“科技在线助春耕”活动，选派优秀专家到集团参与现场直播。

黑龙江省农垦科学院水稻专家现场指导工作

黑龙江省农垦科学院玉米专家现场指导工作

（十）上海市农业科学院

认真落实“四个面向”总要求，积极适应“揭榜挂帅”等科技体制改革方式，积极与主管部门和项目首席团队沟通对接，不断提高我院科研项目策划申报水平，提升农业科技源头创新的能力。科技创新取得新进展。全年获批各类项目254项，合同经费共计1.75亿元，院内经费1.46亿元，其中主持175项，参加及横向立项79项。国家级项目及课题立项48项，合同经费2 124.1万元；市科委各类计划项目及课题49项，合同经费2 559.75万元；市农业农村委各类计划项目及课题66项，合同经费7 072.45万元。国家自然科学基金项目获资助10项，其中面上项目7项，合同经费481万元。科研产出持续增强。“水稻遗传资源的创制保护和研究利用”获国家科学技术进步奖一等奖，另外，获市科学技术进步奖一等奖和科学技术普及奖一等奖各1项、科学技术进步奖二等奖2项、科学技术进步奖三等奖1项，神农中华农业科技奖二等奖2项、三等奖1项；通过国家审定（登记）品种22个，省（市）级审认定品种26个，制定国家标准1个，行业标准5个，地方标准1个，获得发明专利90件，实用新型专利55件，授权植物新品种权29件，获得软件著作权51件，作品著作权9件。全年发表科技论文499篇，其中SCI论文155篇，影响因子总和达654，比去年同期增长35.45%。持续推进创新团队建设，有效激发团队良性发展的内生动力，遴选出23个卓越创新团队，其中“A+”团队2个，“A类”团队6个，“B类”团队13个，“新兴学科类”团队2个，团队核心成员数319人。重视科研平台建设。“都市现代农业国际科技合作基地”被科技部评定为优秀示范型国合基地；承担并有序推进农业农村部长三角水稻生产全程机械化科研基地（上海）建设；努力推进南繁基地平台建设，项目一期建设任务已

基因中心团队的“水稻遗传资源的创制保护和研究利用”项目荣获2020年国家科学技术进步奖一等奖

Applied Catalysis B: Environmental 302 (2022) 120868

Contents lists available at ScienceDirect

Applied Catalysis B: Environmental

journal homepage: www.elsevier.com/locate/apcatb

New insights into the efficient charge transfer of the modified-TiO_2/Ag_3PO_4 composite for enhanced photocatalytic destruction of algal cells under visible light

Li Zhou[a,b], Xu Zhang[a,b], Min Cai[a,b], Naxin Cui[a,b], Guifa Chen[a,b], Guoyan Zou[a,b,*]

[a] Eco-Environmental Protection Research Institute, Shanghai Academy of Agricultural Sciences, Shanghai 201403, China
[b] Shanghai Engineering Research Centre of Low-Carbon Agriculture, Shanghai 201403, China

生态环境保护研究所邹国燕研究员带领的水环境治理课题组成功制备了新型的改性二氧化钛 / 磷酸银可见光响应的复合光催化材料，成果发表在 *Applied Catalysis B: Environmental*（1 区 Top, IF=24.319）

基本完成；成立了省级农业科学院中第一个植物表型组学专业研究平台。加强科技协同创新。与复旦大学生命科学院在分子育种技术、土壤生态学等学科方向，与四川农业大学玉米研究所在玉米遗传育种领域方向，与国家林业和草原局华东调查规划设计院在农林交叉学科建设方面，探索利用多方优势资源，建立促进我院科技创新的新模式。加强国内外交流与合作。举办了包括 3 场“智慧之光”院士讲座在内的 30 余场次学术交流活动；15 批次、57 人次的外国专家通过线上和线下结合的方式与我院展开合作研究与交流活动。加速技术成果转移转化，强化乡村振兴与科技服务的示范引领。全年签订科技成果转化项目合同金额 1 268 万元 + 提成，到账金额 1 400.72 万元；签订并登记“四技合同”金额 5 192.52 万元，事业创收到账 4 295.61 万元。科技服务呈现新亮点。贯彻落实习近平总书记关于农业现代化关键是农业科技现代化的重要精神，启动与金山区人民政府共建全国农业科技现代化先行县；全年指导和支持各所开展各类科技成果推介会、展示会、品鉴会、培训会和路演等活动近 150 场次，培训郊区（含全国）农业科技推广人员、新型职业主体和职业农民等各类乡村振兴创新创业人才累计近 5 000 余人次；乡村振兴科技支撑行动累计授牌 291 块，组建长三角农业科技产业联盟 13 个，建立乡村振兴产业研究院 12 个，确定都市绿色农业核心技术攻坚 151 项；助力第十届上海崇明花博会，结合市民开放日和市科普节系列活动，让我院科技成果更好地服务“三农”、服务市民；服务对口支援青海果洛的“产业扶贫”高原羊肚菌栽培团队成果突出，在市事业单位脱贫攻坚专项奖励中被集体记大功。

（十一）江苏省农业科学院

1. 机构发展情况

江苏省农业科学院是江苏省人民政府直属的综合性农业科研机构，全院共有 28 个研究所（中心、试验站），院本部按专业划分设有 16 个专业研究所（中心），在全省按照农业生态区划分建有 12 个农区所（试验站）。拥有部省级以上科技创新平台 93 个，其中，国家工程中心 1 个、省部级重点实验室 15 个。全院现有在编职工 2 262 人，具有高级职称 1 162 人，博士 672 人，有院士 1 名、国家“百千万人才工程”专家 3 名、科技部中青年科技创新领军人才 1 名、省级以上突出贡献专家 51 名；享受国务院政府特殊津贴 39 人，51 名科技人员入选国家现代农业产业技术体系，江苏省“333 高层次人才”一层次 3 名。全资及参控股科技型企业 45 家。

2. 科研活动及成效

（1）科研项目

2021 年，江苏省农业科学院新增合同经费 5.53 亿元，到账科研经费 4.48 亿元。牵头承担国家重点研发计划项目 2 项，课题 2 项，总经费达 1.09 亿元，其中，主持申报的“南方典型农区氮磷迁移转化过程与面源污染发生及调控机制”部省联动项目单项合同经费 8 447.56 万元。国家自然科学基金立项 49 项。入选国家农业产业技术体系首席专家 2 名，岗位科学家 4 名，综合试验站站长 7 名。江苏省种业振兴“揭榜挂帅”项目立项 46 项，居全省首位。江苏省重点研发计划重点项目立项 8 项，创历史新高。省产业技术体系新增 6 位岗位专家，1 位基地主任。

（2）重大研究进展与科研成果

2021 年，江苏省农业科学院 8 项成果获神农中华农业科技奖，其中“家兔重要疫病安全高效疫苗创制及应用”获科学研究类成果奖一等奖；“动物支原体病防控创新团队”获神农中华农业科技奖优秀创新团队奖；“水稻主要病虫害防控精简用药关键技术创新与应用”等 4 项成果获江苏省科学技术奖二等奖；“苏北粮食主产区乡村发展面临的突出问题、振兴路径与对策建议”等 6 篇专家建议获省部级领导批示；发表 IF10 以上 SCI 论文 15 篇；获 PCT 专利授权 11 件。

（3）科研条件与平台

2021 年，江苏省农业种质资源综合基因库（圃）获批立项，建设经费 1.3 亿元；“省部共建食品质量安全国家重点实验室”通过省部会商；谋划推动“生物育种钟山实验室”“国家兽用生物制品技术中心”等国家级平台建设；新增“省级农药风险监测中心”“水产品保鲜贮藏加工技术集成科研基地”2 个农业农村部重点平台；成立“长三角乡村振兴智库”，为高质量推动乡村全面振兴贡献“江苏智慧”。

（4）学科团队

2021 年，取消研究室建制，设立 109 个科研团队，构建“院—所—科研团队”扁平化管理体制；开展首批四星团队创培成效评估与经验总结，建立“达标、优秀、卓越”3 类团队认定标准和激励机制，修改完善优秀创新团队支持政策和服务清单，推动团队从达标向质变、向高峰跃升；重点围绕现代种业、绿色生产、智慧农业等关键领域，在全省率先探索组建 6 个“创新联合体”，推动产学研深层次协同。

（5）合作交流

2021 年，江苏省农业科学院加入欧亚太平洋大学联盟，拓宽引智引才渠道；推动 JAAS-CIMMYT 小麦病害联合研究中心、国际噬菌体研究中心纳入国家国际科技合作基地信息管理体系；获批牵头建设“科创中国”“一带一路”国际特色豆类产业科技创新院；举办第十三届国际功能食品大会、第八届亚洲支原体会议，获国际功能食品协会国际合作奖，3 位专家获聘国际功能食品协会高级顾问团成员，国际影响力持续提升。

（6）科技服务乡村振兴

2021 年，持续深化公益性技术推广服务范式，深入推进亚夫科技服务体系建设，新建亚夫科技服务工作站 20 个，实施亚夫科技服务项目 43 项，累计建立和指导服务示范基地

2021 年 10 月 17—20 日，我院举办第十三届国际功能食品大会

2021 年 12 月 15 日，江苏省委书记吴政隆来我院调研

154 个，示范推广新品种新技术 542 项，助力地方产业提质升级；与政府、企业新建灌南食用菌等 14 家产业研究院；与江南米道江苏科技有限公司联合成立营养健康水稻联合研发中心；开发“乡村产业发展与人力资源服务”品牌课程体系，举办各类培训活动 62 期，新农学院入选全国乡村振兴人才培养优质校；编撰出版江苏农业生产十万个为什么——《农事指南》系列丛书，为农业生产提供指导帮助。

（7）科技成果转化

2021 年，高效推进市场化成果转移转让范式，联合举办首届江苏农业科技节暨农业与科技融合发展大会、长三角农业科技成果路演等活动，集中展示和发布我院农业科技标志性成果，我院成果转化到账收益 2.36 亿元，同比增长 16.1%。

（8）院所治理

2021 年，我院举办建院 90 周年系列活动，组织召开中国农业科技管理研究会领导科学委员会学术年会、乡村振兴科技发展论坛等大型会议及学术研讨 12 场；举办“甜蜜事业　农科盛宴”主题公众开放日、专题文艺晚会、书画摄影展，设计制作 90 周年画册；荣获 2019—2021 年度江苏省文明单位称号。

2021 年 10 月 17—18 日，我院召开中国农业科技管理研究会领导科学工作委员会 2021 年学术年会

（十二）浙江省农业科学院

1. 机构发展情况

2021 年，省部共建农产品质量安全危害因子与风险防控国家重点实验室正式建立。现共有畜牧兽医、作物与核技术利用、植物保护与微生物、农村发展、蔬菜（含农业新品种引进中心）、蚕桑与茶叶、农产品质量安全与营养、环境资源与土壤肥料、园艺、病毒学与生物技术、食品科学、数字农业、农业装备、水生生物、园林植物与花卉、玉米与特色旱粮、柑橘、亚热带作物和国家重点实验室 19 个专业研究机构，涵盖种子种苗、安全生产与生态、加工保鲜、高新技术和农村发展五大领域。

2. 科研活动及成效

（1）科研项目获得新提升

到位科研经费跨上 3 亿元台阶，新增竞争性省级以上科技计划项目 144 项，担任“十四五”省农业新品种选育重大科技专项总牵头单位，主持 6 个专项 38 项课题；承担国家重点研发计划课题 1 项、国家自然科学基金项目 27 项。

（2）科研成果再创新佳绩

IF>5.0 的 SCI 论文倍增显著，最高 IF 达 16.24，作为第一完成单位获省部级以上奖励 15 项；“破译浙江浆蜂高产基因”入选 2021 浙江省十大科技事件，育成通过审（认、鉴）定、登记品种 49 个。积极推进第三次全国农作物种质资源普查与收集工作，选送的“舟山海萝卜”获全国十大优异农作物种质资源。

（3）高能级平台建设取得重大进展

省部共建农产品质量安全危害因子与风

“特色浆果高品质保鲜与加工关键技术及产业化”
获国家科学技术进步奖二等奖

险防控国家重点实验室正式获批建设，牵头推动农业领域省实验室创建，“浙江省数字旱粮重点实验室”等省级平台获省科技厅批复建设。

（4）学科体系建设管理得到加强

积极运用学科建设中期评估成果，优化学科布局，提高学科建设水平。启动实施学科融通与提升计划，积极推进农机装备、水产、茶叶等新学科建设，蚕桑与茶叶研究所更名挂牌，水生生物研究所独立运行。

（5）对外科技合作格局不断拓展

全面推进黄岩区农业绿色发展先行先试支撑体系建设项目实施，着力打造农业绿色发展“浙江样板。“蔬菜优异种质创制与利用”国际合作基地、一带一路“中乌蚕桑技术研发联合实验室”获省科技厅批复建设。“浙江农业国际科技合作基地”获科技部国际科技合作基地评估优秀。

（6）加大结对帮扶工作力度

开展山区 26 县精准帮扶工作，完成武义县大溪口村集体经济削薄任务。选派省派第十五批个人科技特派员 130 名，派出数量继续居省内首位，推进武义县的法人科技特派员工作。院科技特派员团队被中共中央、国务院授予“全国脱贫攻坚先进集体”，获评 2019—2020 年省“农村工作指导员和科技特派员工作成绩突出单位”。

浙江省农业科学院科技特派员团队被授予
“全国脱贫攻坚先进集体”

（7）成果转化与“四技服务”取得新成效

全院成果转化（含“四技服务”）新增合同 1 131 项，新增合同经费 1.9 亿元，较上年增长 63.8%；18 项科研成果成功拍卖，成交价 3 656 万元。“优质猪新品群及其生产技术”以 3 000 万元的拍卖价创院单项科技成果转化的历史新高。

（十三）安徽省农业科学院

1. 机构发展情况

安徽省农业科学院是安徽省政府直属综合性农业科研事业单位，1960 年建院。设有作物、水稻、植保质安、经信、畜牧、水产、土肥、园艺、蚕桑、烟草、农产品加工、农业工程、茶叶、棉花共 14 个专业研究所，内设院办公室、科研管理处、科技产业处、计划财务处、人事处（离退休工作处）、机关党委（机关纪委）6 个内设机构。全院现有在职人员 869 人，其中各类专业技术人员 742 人，具有正高级职称人员 126 人，副高级职称人员 232 人，共有博士 222 人，硕士 325 人。

2. 科研活动及成效

（1）科研产出成果丰硕

2021 年获安徽省科学技术奖一等奖 1 项、二等奖 2 项（合作 2 项）、三等奖 2 项（合作 2 项）；获神农中华农业科技奖一等奖 2 项（合作 1 项）、二等奖 2 项（科普合作 1 项）、三等奖 2 项（合作 1 项）；获动植物新品种 125 个；授权植物新品种权 11 项、专利 265 件、计算机软件著作权 25 件，其中“水稻特异表达启动子及用途”获美国发明专利授权；制定、修订标准 32 项；发表学术论文 335 篇，其中 SCI、EI 源收录论文 124 篇，最高影响因子 15.793，以第一作者或通信作者发表 SCI 影响因子 6 以上论文 13 篇；主编学术专著 7 部。

（2）科研立项开局良好

2021 年全院经费支出 4.98 亿元。在研各类科研项目 816 项，其中，新增项目 547 项，新增项目合同经费 2.2 亿元。其中，获批国家农业科学土壤质量太和观测实验站建设资金 1 166 万元；争取省财政成果转化专项资金 4 000 万元、现代种业发展资金 2 472 万元、省科技重大专项定向委托项目资金 600 万元、创新型省份建设项目资金 450 万元。

获批国家自然科学基金项目 4 项；国家土壤质量太和实验站建设项目 1 项；国家外国专家项目 4 项。获批省科技重大专项 3 项；省重点研发计划项目 13 项；省自然科学基金项目 15 项；省科技创新战略与软科学研究专项重点项目 2 项；2022 年第一批省中央引导地方科技发展资金项目 1 项；省引进境外人才项目 3 项；省社会科学基金项目 1 项；省现代种业发展资金项目 26 项。

全年共结题验收各类科研项目 148 项。

山黑鸡和鲜食黑糯玉米。食药用菌团队指导百麓现代农业有限公司开展“智慧方舱”数字化种植工作，推动食药用菌产业数字化发展；薯类团队引进示范马铃薯、甘薯新品种 22 个，建立设施马铃薯高质高效生产技术示范基地 300 亩，脱毒甘薯示范展示基地 500 亩，并分别召开了现场观摩会。茶叶研究所茶园环境与地力提升团队支撑桐城市龙眠街道双溪村发展“茶叶 +”产业，带动村集体收入快速增长，获“全国文明村”殊荣；园艺研究所桃、樱桃栽培与育种团队连续支持裕安区狮子岗乡新华村桃产业发展，解决了桃园重茬、机械化管理等技术难题，有力促进了该村新型经营主体增收，农民日报、安徽日报等媒体分别以《且看“无中生有”打造江淮果岭——安徽省农业科学院助力乡村振兴产业发展之路》《荒坡岗地蝶变果海绿洲——省农业科学院科技帮扶助力乡村振兴纪实》等为题，作为助力乡村振兴典型案例进行深度报道；蚕桑研究所家蚕种质创制与利用创新团队在霍山县与儿街镇指封山村服务蚕桑产业，重点指导 8 户养蚕大户，引入家蚕小蚕共育技术，建立首个小蚕共育室，解决了小蚕发育不齐、抗病性差等制约性问题，实现全年春、夏、秋三季共 7 批次集约化养蚕，户均增收达 2.1 万元；农业工程研究所农业微生物研究与应用团队支持歙县郑村镇棠樾村发展生态养猪，示范推广秸秆发酵垫料生态养猪技术，提高生态环境效益的同时，与传统水泥床养猪技术相比每头猪直接增收 124 元；水稻研究所抗旱新品种选育团队在凤阳县刘府镇黄庙村建立“旱稻 639”示范推广核心示范区，在每亩节约灌溉水 50% 以上的基础上，亩产量较同类品种提高 15% 以上，每亩节本增效达 380 元。

（8）交流合作精彩连连

着力打造安徽农业科技“走出去”品牌，承办中国国际人才交流基金会首届“一带一路”东南亚国家农业科技研修班并获科技部高度评价；持续开展院水稻品种技术境外试验示范，筛选出适宜东南亚旱、雨季种植的水稻品种（组合）7 个，培训柬埔寨和孟加拉国技术人员 310 余人。积极引进海外高端科技资源，与 2 家全球性科研机构开展务实性合作。与国际应用生物科学中心共建安徽省 – CABI 农业有害生物防控联合实验室，围绕草地贪夜蛾等科研难题联合攻关；国际马铃薯中心亚太中心安徽工作站引进荷兰马铃薯高代品系 12 000 余份并筛选出 800 余份优质资源。广泛开展科技援藏援疆援青工作，与新疆农业科学院、青海省农业科学院、巴州农业科学研究院等兄弟单位广泛合作，实施援藏援疆援青项目 6 项，在 3 区开展藏绵羊杂交改良，油牡丹、甜瓜、棉花等作物高效栽培和新型肥料等技术的集成及示范工作，筛选出当地适宜品种 10 个，制定技术规程 6 套，培训相关人员 860 人次，建立示范片 2 820 余亩。科技创新支撑企业高质量发展，与古井贡酒股份有限公司等共建古井粮食研究院，合作研发古井酿造专用粮；与丰乐种业联合成立玉米研究院，在商业化育种和材料创新创制方面加强合作；安徽省小麦全产业链融合体入选全国农业全产业链重点链。安徽省农业科技创新联盟被农业农村部认定为第二批国家农业科技创新联盟。开展协同创新，签订玉米育种与种子产业化、马铃薯新品种引进、软质小麦新品种研发等合作协议，推动育种向“按需定制”方向发展。推进小麦产业链融合体建设，在阜阳市举办小麦专用粮高质量发展论坛暨优质小麦新品种观摩会，建设3万亩小麦产业基地，帮助涡阳县申报国家农业产业示范园。完善省市农业科学院联席会议制度，推进省市农业科学院融合发展。推进长三角农业高质量一体化发展，举办长三角农产品绿色加工技术论坛暨科技成果推介会、长三角园艺科技论坛、长三角畜牧科技论坛暨现代畜禽养殖技术观摩交流会、长三角地区植物病害绿色防控学术研讨会暨安徽省植物病理学会2021年学术年会；参加长三角农业科技成果展暨农业科学院成果路演活动、2021年中国（崇明）种源农业科技创新与成果对接交流会；牵头申报长三角农业标准1项；邀请长三角食药用菌产业创新联盟专家对安徽省食用菌产业把脉问诊，提供产业发展思路。通过统筹科技创新资源，形成优势互补、协同发展的良好局面，促进农业科技成果跨区域应用转化，提高长三角农业科技竞争力。

（十四）福建省农业科学院

2021 年，福建省农业科学院以习近平新时代中国特色社会主义思想为指导，全面贯彻党的十九届六中全会精神和福建省十一次党代会精神，认真落实省委省政府的工作部署，召开了首次院党代会，精心组织党史学习教育活动和“再学习、再调研、再落实”活动，重点领域攻关取得新突破，服务“三农”能力得到新提升，院所改革取得新进展，实现了“十四五”的良好开局。省委副书记罗东川来院调研，对我院工作提出了新要求。

1. 机构发展情况

福建省农业科学院成立于 1960 年。设有水稻、作物、果树、茶叶、食用菌、亚热带农业、畜牧兽医、植物保护、土壤肥料、农业生态、生物技术、农业工程技术、农业经济与科技信息、农业质量标准与检测技术、农业生物资源和科技干部培训中心（数字农业研究所）共 16 个研究所，以及南平分院、漳州分院、宁德分院、莆田分院与龙岩分院 5 个分院。建有国家和省部级科技创新平台 96 个、国家现代农业产业技术体系综合试验站 10 个，是学科门类较为齐全的省属农业科研单位。全院在编职工 985 人，专业技术人员 845 人，其中，高级职称 423 人，博士 183 人，中国科学院院士 1 名，全国杰出专业技术人才 2 名，国家“百千万人才工程”领军人才 1 名，国家级有突出贡献中青年专家 1 人，国家“百千万人才工程”人选 3 名，国务院政府特殊津贴专家 14 名，省“百千万人才工程”人选 33 名，省青年拔尖人才 4 名。

2. 科研活动及成效

科技创新取得新突破。一是项目立项与成果产出稳中有进。年度新增科研项目 344 项、经费 1.1 亿元。11 项成果通过 2020 年度福建省科学技术奖评审。完成重要科技成果评审 29 项，发布省地方标准 15 项，授权专利 277 项，获得植物新品种权 19 项。在《院高质量学术期刊分类名录（2021 年版）》一类顶级期刊（T0）、一类领军期刊（T1）以及一类重点期刊（T2）且影响因子大于 5.0 以上的期刊上发表高水平论文 19 篇。二是省院协同创新工程开局良好。省政府与中国农业科学院签署的《农业高质量发展超越协同创新工程战略合作协议》，实施 5 个方面协同创新重点项目、共建五大协同创新平台、引育 1 支农业科技人才队伍、共建 1 个福建乡村振兴高端智库。8 个新品种通过省级审定，4 个新品种通过国家审定（登记）初审，授权发明专利 35 件、新型实用专利 2 件、植物新品种权 8 个；“国家农业生物安全科学中心华东分中心”“兽医生物技术国家重点实验室 – 福建省农业科学院水禽疫病协同创新联合实验室”揭牌成立；福建乡村振兴战略智库完成高质量决策咨询报告 5 篇。三是五大创新工程有序实施。应用基础研究方面，揭示李果皮着色机制，发现调节柑橘组织间硼流的高硼耐受新机制；揭示烟粉虱重要天敌日本刀角瓢虫的产卵选择性机制，明确了黏质沙雷菌中 33 个参与调控灵菌红素合成的基因；揭示了土地利用和除草剂施用等人为活动对土壤氮循环过程调控出现的功能分化等。种业创新方面，通过省级以上审定（登记）品种 59 个，其中国家审定或登记品种品系 15 个，“荃优 212”被农业农村部确认为超级稻品种。绿色发展关键技术创新方面，研发出污水净化剂，以及蔬菜、茶园土壤改良和提高养分利用效率技术，研制出病毒样颗粒疫苗和鳗鲡疱疹病毒灭活疫苗，以及斑马鱼溶菌酶抗生素替代产品等。特色农业产业技术创新方面，集成高效提取技术，海鲜菇及其副产物提取率提高 40% 以上；研发出冻干银耳等 4 个新产品。智慧农业技术创新方面，构建茶叶生境控制与病虫害数字化监测系统，研发铁观音加工工艺参数智能化采集系统和铁观音智能包揉机，实现全程自动化控制。四是对外合作深入拓展。国际合作方面，与柬埔寨企业合作完成饲用香茅品种筛选，在当地示范种植 1 200 亩。共同发起成立国际种业科学家联合体，谢华安院士当选主席。东西部协作方面，继续实施科技助力宁夏固原“四个一”工程，应用推广新品种新技术 40 多项；与宁夏农林科学院签约开展新一轮合作。牵头组建西藏“昌都藏猪产业小组团”，联合成立“昌都藏猪种质资源研发与应用中心”；在墨脱、林芝开展优良果树、茶树新品种与配套栽培技术示范。成果转移方面，与浙江兰溪市、云南屏边县、西藏墨脱县政府签署协议，加强枇杷、龙眼良种在这些地区的示范推广和转化。在四川泸州市完成 2 个龙眼新品种 2.35 万株的高接换种。与井冈山市政府合作建设“七叶一枝花”技术示范基地，《焦点访谈》对其进行了报道。

2021 年 7 月 7 日，农业农村部党组成员、中国农业科学院院长唐华俊院士、副院长吴孔明院士等就实施“农业高质量发展超越协同创新工程”来院调研，并出席国家农业生物安全科学中心华东分中心揭牌仪式

支撑“三农”发展取得新成效。一是科技特派员工作继续走在前列。全年选派 367 名

2021 年 12 月 16 日，我院作为共同发起单位的国际种业科学家联合体在三亚成立

2021 年 10 月 16 日，我院与光泽县联合召开全国农业科技现代化先行县（光泽）共建工作联席会议

科技特派员赴基层开展服务，是全省选派科技特派员最多的单位。实施 276 个农技推广和科技服务项目，示范推广新品种 311 个、新技术 334 项。推进光泽县、明溪县、延平区、建宁县“科技特派员集团服务试验示范区”建设，建设科技特派员示范基地 5 个。苏海兰被省委省政府授予“全省脱贫攻坚先进个人”，作为科技特派员代表出席中宣部举办的中外记者见面会，并在国家“十三五”科技创新成就展上作现场讲解。二是院地科技合作提质增效。组建了 23 支乡村振兴科技服务团队，重点服务 22 个县（市、区），带动 50 多个县（市、区），扶持新型主体 331 个，其中省级以上龙头企业、示范合作社、示范家庭农场 201 个，累计建立示范点、片 245 个，新增经济社会效益 13 亿元。与地方政府合作，新成立漳州、宁德、龙岩 3 家省农业科学院分院以及武平优质稻米、建宁水稻制种、永富种业创新、清流花卉、古田康亿达银耳、福州茉莉花、永安金线莲、漳州农林害虫绿色防控 8 家农业产业研究院。与光泽县共建全国农业科技现代化先行县，在全国首创建设全国农业科技现代化先行县（光泽）研究院，首批实施 33 个科技示范项目，撰写了《农业科技现代化研究与探索》研究报告。三是示范基地建设继续提升。全年新建 10 家科技示范基地，截至目前共建成 103 家，基本形成了“研究所 + 新型主体 + 科技示范基地 + 农户”的推广模式。与省农村信用社联合社合作，共同打造“产业 + 科技 + 人才 + 金融”的

2011 年 11 月 7 日，我院举办的“不平凡的‘稻路’”水稻科技开放日活动

要素服务模式，向我院 26 家科技示范基地合作企业提供授信总额 2.6 亿元，实际贷款 7 800 多万元。四是农业科技培训扎实推进。举办 12 期全省农村实用技术远程培训课程，培训 122.5 万人次。开展现场科技培训 272 场，培训农民、技术骨干 1.6 万人次。完成两期“智力援疆”培训班，培训昌吉州农业农村系统干部 100 名。举办科技开放日活动 17 场，参与 3 000 多人次。

2021 年 11 月 16 日，院领导考察闽侯白沙长期定位试验基地搬迁工作

2021 年 11 月 22 日，我院柔性引进国家荔枝龙眼产业技术体系首席科学家陈厚彬研究员为高层次人才

院所管理水平得到新提升。一是条件平台建设持续推进。“微生物菌剂开发与应用”国家地方联合工程研究中心、“作物全基因组选择育种”创新平台和“农药残留与环境毒理”实验室通过验收。P3 实验室通过中国合格评定认可委员会第三轮复评审。福建省农业生物种质资源库完成可研报告。闽侯白沙 37 年长期定位试验基地搬迁项目通过竣工验收，国家土壤质量福安观测实验站田间工程峻工。大型仪器设备共享服务平台建设基本完成，在政务云平台试运行，并实现开放预约。二是人才引育持续强化。全年柔性引进高层次人才 10 名，招收博士后 1 名。入职 14 名博士，9 人被确定为省引进人才。认定省 B 类人才 9 名、C 类人才 19 名。1 人入选“全国杰出专业技术人才”，1 人入选农业农村部“农业科研杰出人才培养计划”，2 人入选 2020 年“百千万人才工程”省级人选。1 人获得福建省五一劳动奖章，1 人荣获“全国五一巾帼标兵”称号。1 人入选省“雏鹰计划”青年拔尖人才人选，1 人获得福建青年科技奖，4 人入选福建省优秀科技工作者或最美科技工作者。三是制度建设继续加强。编制完成院“十四五”发展规划，职能处室编制完成专项规划，各研究所分别编制完成研究所“十四五”规划，并全面组织实施。梳理、编印完成《院规章制度汇编》2 册，共收录制度 83 项。制定了“十四五”研究所年度绩效目标考核办法。对我院专业技术职务晋升评聘实施办法进行修订。修订《科学技术奖励办法（试行）》，将分院业绩纳入院科技奖励体系。出台《农业产业研究院建设管理办法（试行）》，进一步规范产业研究院建设。积极推进全面绩效管理，我院绩效管理工作在省财政年度评价中获“优秀”等级。

（十五）江西省农业科学院

江西省农业科学院成立于1934年，是全国较早设立集科研、教育、推广三位一体的省级农业科研机构。1934年，被命名为江西省农业院。中华人民共和国成立后，在党和政府的重视下，江西省农业科研机构不断发展、壮大，先是在1948年成立了江西省农林试验总场，并于1950年改名为江西省农业科学研究所，后根据现代农业发展的需要，于1975年组建了江西省农业科学院，而后沿用至今。该院成为推进江西省农业科技发展的重要机构。

1. 机构发展情况

（1）机构设置

全院设有水稻研究所、作物研究所、土壤肥料与资源环境研究所、植物保护研究所、园艺研究所、蔬菜花卉研究所、畜牧兽医研究所、农业经济与信息研究所、农产品质量安全与标准研究所、农业应用微生物研究所、农业工程研究所、江西省超级水稻研究发展中心、农产品加工研究所13个专业研究机构，农作物种质资源研究中心、井冈山红壤研究所2个新型研发机构，2个综合服务机构，7个职能处室，挂牌成立江西省农业科学院萍乡分院、赣州分院、九江分院、井冈山分院4个分院。2006年设立江西省首家农业科研类博士后科研工作站。院部位于英雄城南昌，占地面积1 280亩，在江西高安建有5 900余亩的现代农业科技创新与示范基地，在江西东乡建有220亩的红壤改良研究基地，在海南三亚建有200亩南繁科研基地。

（2）人才结构

至2021年末，全院在职职工649人，高级专业技术职称277人；博士134人、硕士237人；中国工程院院士1人，享受国务院政府特殊津贴专家39人、享受省政府特殊津贴专家12人，全

2021年5月19日，省委副书记叶建春一行来我院专题调研农业农村现代化工作

国杰出专业技术人才 1 人，国家重大人才计划入选者 1 人，农业农村部农业科研杰出人才 1 人，农业农村部杰出青年农业科学家 2 人，赣鄱英才“555 工程”13 人，新世纪百千万人才工程人选 34 人，江西省“双千计划”人才 6 人；国家现代农业产业技术体系岗位科学家 3 人、试验站站长 14 人，江西省现代农业产业技术体系首席专家 7 人、岗位专家 31 人、试验站站长 6 人；农业农村部农业科研创新团队 1 个，省级优势科技创新团队 5 个；省级学科带头人 11 人。

2. 科研活动及成效

（1）科学研究课题

2021 年度，新增各类科研项目 169 项。其中，国家自然科学基金立项 15 项，科技部项目 11 项，农业农村部项目 23 项，省级计划类项目 103 项，省级产业体系岗位专家 10 人。全年到位科研经费 9 847.81 万元。

（2）重要研究进展

通过审（认）定品种 46 个，其中，国审品种 8 个；获发明专利授权 69 件；获得软件著作权 54 个；制定江西省地方标准 16 个、行业标准 2 个；发表学术论文 186 篇，其中 SCI/EI 收录论文 41 篇。

（3）科研条件

新增农业农村部茶叶全程机械化科研基地、农业农村部谷物烘干与储藏技术集成科研基地，建设总经费 3 096 万元；获批建设“江西省农业微生物生物技术工程研究中心”；新增“全国农产品包装标识评价技术中心”和“全国农产品质量安全检验检测技术培训示范基地”。水稻国家工程实验室（南昌）顺利通过优化整合评价，纳入国家工程研究中心新序列管理。

建筑面积超过 2 100 m^2、投资 2 300 多万元的江西省农作物种质资源库于 2021 年 12 月底竣工交付使用，可贮存种质资源 15 万份，离体材料 2 000 份，满足江西省未来 30 ～ 50 年农作物种质资源保存需求。

综合实验楼及配套工程项目全面封顶。高安基地作业区良种繁育灌溉能力全面提升，转基因基地投入使用。高安基地建成省内首个集气候、品种、土壤特性三位一体的数字化果园，江西省重要农业科技成果中试与示范平台和江西道地药材资源圃获批建设。

（4）学科发展

积极参与全国农作物种质资源普查与收集行动，牵头全省农业微生物种质资源普查，累计完成提交入库种质资源 4 300 份。引进疣粒野生稻资源，采集野生大型真菌资源 80 余种，挖掘江西本地野生花卉资源 13 种。建立赣西山羊核心群，对濒临灭绝的东乡花猪、赣东黑猪等进行了抢救性保护。

启动野生稻泛基因组测序研究计划，开展新一轮水稻空间诱变育种工作；首次解析基因调控辣椒开花时间的分子机制；芦笋 Y 染色体性别决定区域基因编辑获得突破性进展。菌根高效共生水稻新品系“赣菌稻 1 号”在化肥减施 25% 的情况下，与对照产量相当；耐热优质香稻品种“唐两优郁香占”，机收测产亩产达 838.4 kg；“赣豆 10 号”红壤丘陵旱地亩产 262.4 kg，创江西省春大豆新纪录。

（5）对外合作交流

与加纳北部省协调委员签署《农业科技合作谅解备忘录》，与菲律宾农业、水产和自然资源研发委员会签订《关于设立中菲水稻技术联合项目谅解备忘录》，作为首批成员单位加入中非热带农业科技创新联盟，作为 5 位国外嘉宾之一在菲律宾科技周科技对话线上活动上发表视频演讲。积极落实对外合作协议，组织申报各级各类国合项目，新上 2 项省级项目。建立对外科技合作数据库。国家级平台“江西省水稻及有机农业国际科技合作基地”顺利通过科技部评估。

发挥湘鄂赣农业科技创新联盟作用，组织专家参加湘鄂赣农业科技创新联盟会议暨第五届农业科研杰出青年科技论坛。

与新疆畜牧科学院、江西省国土空间调查规划研究院、南昌市农业控股集团、大唐江西分公司签署战略合作协议，授予 10 家诚信实力俱佳的企业“精诚合作伙伴”称号。与抚州市东临新区科技合作协议深入落实，与高安市共建全国农业科技现代化先行县。全力服务井冈山农高区升级建设，与园区共建 215.8 亩试验示范基地。实施省重大研发专项，改良培肥果园，比常规增产 17%，集成的井冈蜜柚优质轻简高效栽培管理模式，节约修剪人工成本 80%。

（6）服务于乡村振兴

组织省级科技特派员 249 名，全年开展科技服务 1 400 余人次，为吉安市 102 个果园提供技术服务，在修水、都昌分别建立百亩水稻科技服务示范点，打造 5 个科技引领乡村振兴示范村（镇）建设样板。组织专家多次深入井冈山、万安、黎川等重灾区指导灾后补救，赠送良种、发放技术手册。开展科技工作者实用性人才培训，赴县（市、区）举办培训班 120 期，培训 9 000 余人次。

（7）科技成果转化推广情况

科企科产合作深入拓展。举办 2 场成果推介会、1 场成果开放日活动，签约转化成果协议 23 项，总金额 1 700 余万元。做好知识产权奖励申报工作，审核通过省级专利资助申报项目 26 项。通过“江西省网上常设技术市场”发布科技成果 40 余项，在“江西省农业知识产权交易中心”平台成功交易直接转让类成果 9 次，8 家下属单位成功入库南昌市“洪城科创券”技术开发与技术转让服务机构。全年完成技术合同登记 638 项，成果转化和科技服务合同金额达 4 500 万元，到账收入达 3 100 万元，实际到账收入比 2020 年增长 19.2%，实现了 3 年翻番的目标。

（十六）山东省农业科学院

1. 机构发展情况

山东省农业科学院是山东省政府直属的综合性、公益性省级农业科研单位，是国家农业科技黄淮海创新中心和山东省农业科技创新中心承建单位。目前，拥有 11 个部门、21 个研究单位和 17 处有指导关系的分院，并设有 1 处博士后科研工作站。现有在职职工 2 023 人，专业技术高级岗位 893 人，博士 703 人。拥有中国工程院院士 1 人，“百千万人才工程”国家级人选 4 人，农业科研杰出人才及其创新团队 6 人，省泰山系列人才工程人选 31 人，省有突出贡献中青年专家 20 人，享受国务院政府特殊津贴专家 89 人。全院国有资产总值 21.2 亿元，已保存粮食作物、经济作物、绿肥牧草、药用植物、蔬菜等种质资源 4.5 万份，稳定遗传材料 6 万余份，合计 10.5 万份。图书资料 50 万册（卷），拥有 2 个中外文电子文献数据库，编辑发行《山东农业科学》等 6 种科技期刊，其中 2 种入选中文核心期刊。

主要研究领域涵盖山东乃至黄淮海区域农业发展的粮经作物、畜禽、果蔬、农产品加工、信息遥感、农机装备、营养与健康、农业机器人和花卉等 44 个学科。建有小麦玉米国家工程实验室、国家花生工程技术研究中心等国家和省级科技创新平台 88 个，其中，国家级平台 2 个，部级平台 2 个，省级平台 46 个，数量居全国省级农业科学院前列，现有科研试验基地 12 133.8 亩。实施全国首个省级农业科技创新工程，创建“三稳一活”创新机制，攻关山东农业产业发展“卡脖子”技术难题，科研创新成果丰硕。自 1978 年全国科学大会以来，全院共取得各级各类科技成果 1 824 项，省部级以上奖励 865 项，其中，国家技术发明奖一等奖 1 项、二等奖 6 项，国家科学技术进步奖特等奖 1 项、一等奖 1 项、二等奖 32 项。自 1982 年实行品种审（认）定以来，共有 735 个品种通过了国家或省审（认）定，育成品种在山东省小麦、棉花、花生、水稻、果树等作物中稳居主导地位。这些品种和成果的大面积推广应用，为促进粮食增产、农业增效、农民增收作出了重要贡献。

同国际玉米小麦改良中心、国际半干旱热带作物研究所等 10 多个国际组织和 60 多个国家或地区的科研机构、高等院校建立了科技合作关系。与美国、俄罗斯、日本、乌克兰、印度尼西亚、英国、德国等国家的科研机构和国际半干旱热带作物研究所、欧盟药敏试验委员会、国际生物应用中心东亚中心等国际组织建立 19 个联合实验室；与苏丹、埃及、波兰等国家的科研机构成立 6 个联合研发中心。2008 年起成为科技部国际科技合作基地，建有 11 个山东省引智技术示范推广基地。有 15 位外国专家被省政府授予“齐鲁友谊奖”，2 名专家荣获“山东省改革开放 40 周年最具影响力的外国专家”称号，2 名专家荣获山东省国际科技合作奖。

2. 科研活动及成效

（1）科研项目与经费

2021 年新增项目 680 余项，立项经费 6.85 亿元（含院创新工程经费 9 000 万元、对外寻榜张榜揭榜 1.32 亿元）。其中，获国家重点研发计划部省联动项目 1 项、课题 1 项，国拨立项经费 1.27 亿元；国家自然科学基金项目立项 27 项，资助经费 1 126 万元；省自然基金项目立项 68 项，资助经费 997 万元；争取到省科技创新重大专项、省农业良种工程项目 9 项，国拨立项经费 8 000 余万元；争取横向科研项目 90 余项，经费 3 000 余万元；新增国家产业技术体系岗位科学家 1 名、综合试验站站长 2 名；新增省产业技术体系岗位专家 2 名、站长 1 名。

（2）科研成果

2021 年全院共获得各级各类科技奖励 119 项，其中，省部级以上奖励 33 项。获国家科学技术进步奖二等奖 1 项（参与）、山东省科学技术奖 14 项（其中，主持获得一等奖 2 项、二等奖 7 项）、神农中华农业科技奖 15 项（其中，主持获得一等奖 1 项、二等奖 2 项、优秀创新团队奖 1 项）。新获授权专利 453 件，其中，发明专利 294 件；新获软件著作权 99 件；新获植物新品种权 17 件，通过审（鉴 / 认）定品种 64 个，通过登记品种 15 个；获三类新兽药证书 1 件；通过认定国家、行业、地方标准 19 项；入选省主推技术 46 项；发表论文 742 篇，其中 SCI/EI 论文 234 篇；出版著作 16 部。

（3）科研平台建设

2021 年农业农村部黄淮海现代农业装备重点实验室获批建设，争取中央投资 1 500 万元；“小麦玉米国家工程实验室”顺利通过优化整合评价，更名为“小麦玉米国家工程研究中心”，正式纳入国家工程研究中心新序列管理；山东省农业科学院动物生物安全三级实验室列入“十四五”国家高级别生物安全实验室规划清单；小麦、花生、设施果树 3 个省技术创新中心获批建设。

（4）服务乡村振兴、科技推广与成果转化

以“举院体制”深入实施“三个突破”战略，成立“院指挥部 + 县指挥部”两级指挥部，制定公示、督察、述职、会商、问责等多项制度，上下联动、左右协同、同频共振的推进体制不断完善。提前完成“三年三百人”的挂职选派目标，选派首席专家 114 人，开展“百名首席兴百村（企）”活动。引进新品种 395 个，推广新技术 290 余项。落地各级各类项目 331 项，实现直接经济效益 5.42 亿元，预计可实现间接效益 10.74 亿元。创新实行“链长制”“包村制”，确定 24 条产业链、18 个帮包村，围绕产业链部署创新链，加快创新资源优化整合。新建农科专家工作室 179 个，科教兴村示范点 100 个，长期核心基地 194 处，“专家－农民”利益共同体 28 个。建设乡村人才学院分院 5 处，乡村人才学院获批农业农村部、教育部首批百所“乡村振兴优质校”。初步探索出整县域农科模式、链长制模式、科教兴村模式、产业兴镇模式、“专家－农民”利益共同体模式、“科技＋”模式、农业科技社会化服务模式、科研转化推广一体化模式等乡村振兴科技引领型齐鲁样板“1+*N*”模式。精心打造“舜耕科技”服务品牌，组建“舜耕科技”服务团，成立 23 个分团，开展“我为‘三农’作贡献”“我为老区人民作贡献”“到生产主战场上去”舜耕科技服务团活动月等活动。开通“舜耕科技一键帮”服务平台，700 余名专家依托平台提供全天候“一对一”科技服务。

建立了由 3 名技术经理人、25 名兼职技术经纪人及院属单位 84 名专职人员组成的成果转化队伍。在地市分院建成 17 处农业科技成果转移转化分中心。成功举办第二届农业科技成果秋季拍卖会，37 项成果总成交额 1.12 亿元，其中，“布鲁氏菌活疫苗（粗糙型）”生产经营权成交额 6 000 万元，“新型多靶点动物专用抗炎药 Hz-1”合作开发与生产经营权成交额 3 220 万元。全年成果转化合同金额 2.57 亿元，到账金额 1.40 亿元。产业技术研究院建设成效显现，联合立项 56 项，经费达 4 976 万元。

（5）国际合作与交流

立项中国－联合国粮农组织（FAO）－苏丹南南合作等国际合作项目 4 项，获批建设“科创中国”“一带一路”国际花生产业科技创新院，新建中俄、中菲等 5 个国际联合实验室（研发中心）和 1 个外国专家工作室。成功举办以“休闲农业·乡村振兴”为主题的第三届中韩现代农业学术研讨会，启动实施院国际科技合作专项。

青研 CR21
（抗根肿病，黄心，获品种权）

天正紫玉
（紫皮紫肉，获品种权）

（6）重点成果选介

山东省科学技术进步奖一等奖——白菜萝卜优质多抗育种技术研究与新品种选育。该成果以耐抽薹、抗根肿病、优质等短板技术环节为关键突破点，建立了白菜萝卜多基因聚合高效育种技术体系，育成了优质、耐抽薹、抗根肿病的系列新品种，同时配套了良种繁育和高效栽培技术，在生产上进行示范推广。该项目的实施，打破了日本、韩国进口种子对春夏白菜萝卜市场的垄断，实现了品种的更新换代。该成果建立了分子辅助育种与常规育种技术相结合的高效、定向、多基因聚合育种技术体系，育成了耐抽薹、多抗、优质白菜萝卜系列新品种 17 个，在省内外累计推广 767.5 万亩，增加经济效益 32.1 亿元。

山东省科学技术进步奖一等奖——高产优质广适大豆新品种齐黄 34。该成果确立了“优、提、增”的育种思路和“拓、聚、早、多”的育种策略，建立了高产优质广适大豆育种技术体系，培育出大豆新品种齐黄 34，在高产、优质、广适育种方面实现重大突破，5 年 8 点次创亩产 300 kg 以上，创亩产 353.45 kg 的全国夏大豆高产纪录，3 次刷新山东省、2 次刷新甘肃省大豆高产纪录；突破大豆育种高产与优质、蛋白与脂肪同步提高的瓶颈，蛋白质含量 45.13%，脂肪含量 22.48%，同时超过国家高蛋白和高油品种标准；适应性广，种植范围跨 20 个纬度，适应范围跨 N20°～40°；综合抗性强，突破大豆育种多抗的瓶颈，高抗大豆花叶病毒病、霜霉病、白粉病、拟茎点种腐病，中抗炭疽病和疫霉根腐病。强耐涝，中度耐旱和盐碱，抗倒伏、不裂荚，适合机械化生产，是黄淮海种植面积最大的大豆新品种，山东和江苏第一大品种，累计增产大豆 13.5 亿 kg，增加经济效益 74.1 亿元。

高产优质广适大豆新品种齐黄 34

省长王凯向中国工程院院士、我院院长张新友颁发神农种业实验室主任聘书

日神农种业实验室理事会第一次会议成功召开，审议通过了相关文件，研究了实验室建设起步期运行相关事宜和近期拟启动的科研项目。12 月，省委编办为神农种业实验室办理了法人证书，相关人员招聘到位，为实验室建设运行奠定了良好基础。

（4）科技成果

2021 年，我院获得河南省科学技术奖 15 项，其中，一等奖 1 项、二等奖 10 项、三等奖 4 项。“优质高产小麦新品种郑麦 379 的选育及应用”获得河南省科学技术进步奖一等奖，育成的优质强筋、高产、抗逆小麦新品种郑麦 379，实现了优质与产量和抗逆性的协同改良，并通过创新配套生产技术和产业化应用模式实现了大面积产业化应用。该品种已连续 4 年种植面积稳居全省优质小麦品种首位，为当前我省种植的第一大小麦品种，对保障我国粮食安全和小麦产业高质量发展发挥了重要作用。“小麦重要土传病害新型生防制剂的研发与应用”获得神农中华农业科技奖二等奖，创制了防治小麦全蚀病和小麦茎基腐病的枯草芽孢杆菌菌剂，破解了小麦土传病原菌检测和早期预警的难题，为小麦土传病害的高效、绿色防控提供了商品化产品，对我国小麦土传病害的绿色防控起到了重要作用，取得了多年未有的突破。

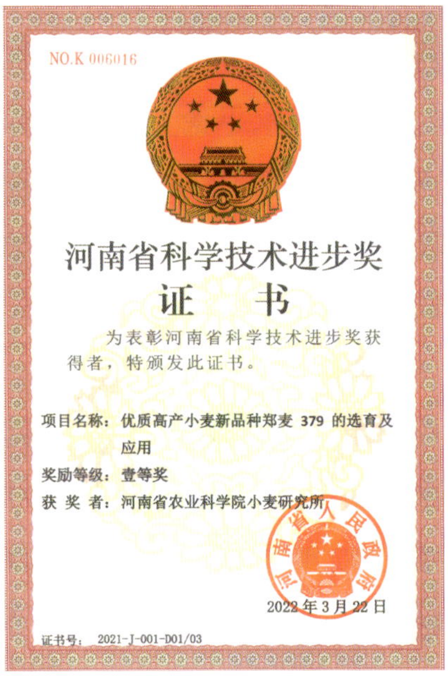
NO.K 006016

河南省科学技术进步奖

证　书

为表彰河南省科学技术进步奖获得者，特颁发此证书。

项目名称：优质高产小麦新品种郑麦 379 的选育及应用

奖励等级：壹等奖

获 奖 者：河南省农业科学院小麦研究所

2022 年 3 月 22 日

证书号：2021-J-001-D01/03

“优质高产小麦新品种郑麦 379 的选育及应用”获得河南省科学技术进步奖一等奖

（5）学科发展

国家生物育种产业创新中心建设有序推进。认真落实省领导要求和项目建设领导小组会议精神，全力推进中心建设工作。工程建设有序推进，田间试验区已投入使用，科研设施区一期工程正在抓紧施工。顶层设计进一步完善，成立了由国内外生物育种领域知名科学家和科技政策、金融投资、法律等领域专家组成的专家咨询委员会，为中心发展凝聚支持合力。平台建设持续加强，中心被省政府认定为河南省重大新型研发机构，与平原示范区联合申报的国家现代种业产业园获批建设。科研团队组建与科技研发工作扎实推进，小麦、花生、大豆育种研发工作全面开展，玉米、蔬菜育种团队组建积极推进，专业化管理团队正在逐步建立；全年共有 19 个农作物新品种通过审定或登记，其中，国审 3 个，另有 60 个农作物新品系正在参加国家或省级区域试验；中心培育的优质小麦新品种郑麦 1860 入选 2021 中国农业农村重大新产品。对外合作积极开展，启动了与荷兰瓦赫宁根大学的全方位合作；与中国贵州茅台酒厂（集团）有限责任公司、益海嘉里集团开展了科技合作。

（6）对外合作交流

落实国家“一带一路”倡议及“农业走出去”战略，做好国际合作交流，积极拓展与国外农业科研机构在人才培养、项目实施等方面的合作。我院出席中国（河南省）—巴基斯坦（俾路支省）务实合作交流会，河南秋乐种业科技股份有限公司和国家生物育种产业创新中心两家单位进行了现场展示推介。参加“中美农业圆桌论坛”，并作会议发言，进一步深化与美国在农业领域的务实交流合作，拓宽对美合作渠道。组织召开科技部对发展中国家科技援助项目“蔬菜采后产地减损及初加工技术集成与示范”推进会，就开展跨国技术推广工作进行深度探讨。

（7）科技扶贫和科技成果转化推广

2021 年，我院持续深入实施河南省“四优四化”科技支撑行动计划，高标准推进院县共建现代农业科技综合示范县建设 15 个，在全省各地建立示范基地 486 个，示范推广新品种 128 个，主推绿色高效生产技术 90 多项。其中，郑麦 379 推广面积 1 025 万亩，连续 4 年稳居全省优质小麦品种首位，为当前我省种植的第一大小麦品种；郑麦 1860 在黄淮南部麦区推广面积上升至 500 多万亩，较去年增长 10 倍多，成为全省七大优质中强筋品种之一。合作建设省级现代农业产业园 22 个，服务新型农业经营主体 600 多家，引领支撑区域特色主导产业 150 多个，有力促进了粮油作物标准化生产，培育打造了一批“三链同构”的典型示范样板。启动“全国农业科技现代化先行县（正阳县）”建设工作；持续强化区域公共品牌培育，正阳花生、兰考蜜瓜、延津强筋小麦等区域品牌影响力进一步提升，新野白菜、柘城辣椒、郏县红牛、南阳艾草等特色农产品品牌正在形成。精准开展 30 个乡村振兴示范村镇建设，其中原阳水牛赵村、罗山何家冲村等建设成效明显。与农业农村部科技发展中心联合在原阳水牛赵村为我院第一个“乡村振兴科技示范村”挂牌。持续做好嵩县产业对口帮扶和滑县大柳树村、濮阳前康庄村定点科技帮扶工作，我院嵩县产业对口帮扶工作队和食用菌研发中心被评为“省脱贫攻坚先进集体”。科技服务扎实有效，通过科技开放日、“农科大讲坛”直播课堂、科普专题培训等形式开展线上科技服务，依托各类项目实施和科技特派员制度开展技术指导，培训乡村技术能手和农民 10 万余人次，发放技术资料 65 万份（册）。

（十八）湖北省农业科学院

1. 机构发展情况

湖北省农业科学院是湖北省政府直属的综合性农业科研机构，设有粮食作物、经济作物、植保土肥等 10 个研究所（中心）。全院现有科技人员 1 000 余人，高级职称科研人员 408 人，博士 256 人，国家级有突出贡献中青年专家 11 人，享受国务院政府特殊津贴专家 104 人，省突出贡献中青年专家 53 人，省政府特殊津贴专家 25 人，国家“百千万人才工程”3 名，新世纪高层次人才第一层次 4 人、第二层次 16 人。

2. 科研活动及成效

（1）科研立项

“长江中游优质中籼稻新品种培育与应用”获得国家科学技术进步奖二等奖

全院在研项目 686 项，年度计划经费 2.22 亿元，到账经费 2.14 亿元。获国家级、省部级科技奖励 14 项，其中，“长江中游优质中灿稻新品种培育与应用”获 2020 年度国家科学技术进步奖二等奖，湖北省科学技术进步奖一等奖 1 项、二等奖 4 项，神农中华农业科技奖 6 项。争取国家重点研发计划课题、国家自然科学基金、省重点研发计划项目等各级各类项目 297 项。新增国家产业技术体系猕猴桃试验站和省食用菌产业技术体系首席 1 人。1 人当选洪山实验室副主任，17 人获聘实验室研究岗位。

（2）科技成果

审定（登记）动植物新品种 39 个，“硒都黑猪”和“农湖 2 号”蛋鸭通过国审，“硒都黑猪”填补了湖北省无生猪国审品种的空白。研制新产品 24 个，授权专利 137 项，108 项标准通过评审或颁布。19 项成果通过第三方评价。出版编著 20 部，发表科技论文 462 篇，其中，高质量论文占比 70%。

（3）科研平台

获批作物分子育种、微生物农药创制 2 个农业农村部重点实验室、国家农业环境潜江观测实验站。全国粮食安全科普教育基地、省畜牧兽医引智示范基地获批挂牌。国家土壤质量洪山观测实验站、农业农村部恩施稻瘟病野外科学观测站等平台通过验收并投入使用。目前我院拥有国家和省部级科技创新平台 164 个。

（4）学术交流

新西兰驻华大使傅恩莱、荷兰设施园艺代表团来院交流访问。举办 30 余场高水平学术报告会，邀请王汉中、邹学校、李培武等 49 名院士和专家来院交流指导。我院应邀出席“2021 中非创新合作大会”和“中美农业圆桌论坛”开幕式。聘任 38 位国内外知名专家为客座研究员。

（5）湖北省农业科技“五五”工程

农业科技“五五”工程相继被写入 2021 年省委一号文件和省政府工作报告，实施方案经省政府办公厅转发全省执行。健全“1+1+5+N”工作机制，5 个专项工作进展良好，组织开展 43 项农业产业发展关键核心技术攻关；集成示范 223 项农业先进实用科技成果；推广示范 52 项农业可持续发展模式；建设 53 个科技引领乡村振兴示范村（镇）；科技助力 75 家龙头企业发展壮大。

湖北省农业科技“五五”工程启动会暨农业“卡脖子”关键技术攻关推进会

（6）省十大重点农业产业链

建立“五个一”工作机制，组织省农业科技创新中心和创新联盟深度参与省十大重点农业产业链建设，协同推动解决产业链瓶颈技术问题。18 人次入选省产业链专家团队，在小龙虾、生猪、茶叶等产业链科技创新工作方面取得显著成效，获省领导肯定性批示。

（7）省创新中心与创新联盟

完成省农业科技创新中心“十三五”工作总结和绩效考核工作，制定“十四五”规划，加强督导 7 个重大科技专项。遴选 43 家农业产业链重点企业为省农业科技创新联盟理事单位。举办湘鄂赣农业科技创新联盟第五届农业科研杰出青年论坛，探索湘鄂赣联盟深度合作机制。

（8）乡村振兴

建设 34 个科技引领乡村振兴示范基地和 11 个过渡衔接型农业科技引领示范村（镇），彭店村入选首批“十佳乡村振兴科技引领示范样板村”。完成大溪村驻点帮扶工作，向丹江口市土关垭村选派乡村振兴工作队。充分发挥智库作用，与省政府咨询委员会合作共建“湖北乡村振兴研究中心”。

（9）科技成果转化

成果转化合同总金额达 1.12 亿元，到账经费 6 361 万元。主办首届湖北农业博览会农业（种业）创新成果转化大会，联合主办“联百校转千果”活动，推介我院 100 余项成果。鄂州基地被评为省级成果转化中试基地。诺沃孵化器新引进 45 家涉农企业入驻，培育了 6 家高新技术企业。

（10）院地院企合作

按照“1+*N*”模式深入推进与随州、枝江等 10 市县合作，签约金额达 1 084 万元。科技助推赤壁神山兴农公司在新加坡主板上市，是省内首家在国外上市的农业企业，采用果树茶叶研究所“猕猴桃宜机化高光效果园生产模式”打造的万亩基地在全省科技创新示范基地绩效考核排名第一。与省地质局、华人集团、安琪酵母等开展科技合作。选派 13 名科技干部担任“科技副总”，33 名专家参加省“院士专家企业行”活动。

（11）科技服务

示范推广新品种、新技术、新模式 206 项，示范推广和科技服务面积 5 400 万亩。助力枝江打造全国农业科技现代化先行县。与山南市共建“山南藏鸡产业研究院”，将“洪山菜薹”等蔬菜品种引入藏区，与西藏农牧学院联合开发藏区特色农业产业。开展“科技闹春耕”“科技活动周”等活动，组织全省近 2 000 名专家，8 000 余次深入农业生产一线开展科技服务，培训各类人员 3 万余人。

（十九）湖南省农业科学院

1. 机构发展情况

湖南省农业科学院源于 1901 年始创的省农务试验场，1964 年正式命名为湖南省农业科学院，属省政府直管。获评“全国先进基层党组织”“全国专业技术人才先进集体”“创新人才培养示范基地”“全国粮食生产先进集体”。

2.2021 年亮点成绩

习近平总书记高度肯定袁隆平同志为我国粮食安全、农业科技创新、世界粮食发展作出的重大贡献，全面阐述了袁隆平精神，要求广大党员、干部和科技工作者学习袁隆平同志的高贵品质和崇高风范。

全国先进基层党组织

中共中央授予我院党委“全国先进基层党组织”称号。

我院在人才培养上取得重要成就，新增 2 名中国工程院院士，是全国培养院士总量最多和唯一新晋 2 名院士的省级农业科学院。

国家耐盐碱水稻技术创新中心获得批复建设，是现有农业领域 3 个国家技术创新中心之一。

镉低积累水稻研究取得重大突破，得到了省委省政府的高度肯定。镉低积累水稻研究在国际上实现“三个率先”，研创自主区试审定镉低积累水稻品种 8 个，稻谷镉含量远低于对照品种和国家标准，在岳阳、株洲示范 260 亩。

第三代杂交水稻“叁优一号”高产示范取得新进展。在衡南县周年双季亩产达到 1 603.9 kg，在 2020 年双季亩产 1 500 kg 的基础上再创新高。

第三代杂交稻

获评“全国粮食生产先进集体”。

高质量论文取得新成绩，首次以第一完成单位发表 PNAS 论文。

获国家科学技术进步奖二等奖 1 项，获神农中华农业科技奖优秀创新团队奖 1 项，1 人获中华农业科技英才奖、1 人获全国粮食生产先进个人。

全国粮食生产先进集体

"湖南农业科学院科学家团队"获评"2021 年度中国经济社会发展十大贡献人物"。

持续掀起传承和弘扬袁隆平精神热潮，受邀赴农业农村部、中国农业科学院宣讲袁隆平先进事迹，与中国农业科学院、中国农业大学共同举行学习袁隆平精神视频交流会，赴全国多地宣讲袁隆平精神。

党史学习教育取得重要成绩，以 3 个 100 统筹"为民办实事"，做到以学促党建、以学促科研、以学促服务，实现学党史、悟思想、办实事、开新局。

"袁隆平同志先进事迹报告团"受邀赴农业农村部宣讲

按要求接受省委新一轮巡视，切实提高思想认识和政治站位，坚决履行管党治党责任，不断提高政治判断力、政治领悟力、政治执行力，做到即知即改、立行立改，全面完成 14 项整改工作任务。

国家和省领导武维华、万钢、许达哲、毛伟明、朱国贤、乌兰、隋忠诚、刘莲玉、陈飞、张大方、易鹏飞等来我院或基地考察调研，充分肯定我院科研成绩。省长毛伟明要求我院发挥"四个作用"，增加我院预算 2 000 万元。

被授予省 2020 届文明标兵单位。

3. 科研活动及成效

（1）课题数量

2021 年湖南省农业科学院在研项目（课题）867 项，其中国家级项目 129 项，省级项目 346 项。新上项目 472 项。

（2）重要科研进展

a. 镉低积累水稻研究取得重大突破

坚决落实省领导重要指示批示精神，牵头实施了省政府镉低积累水稻新品种选育与应用专项。在实现镉低积累水稻品种选育研究"三个率先"的基础上，2021 年试验示范 260

亩，均表现优良的镉低积累和生产应用性状。利用吸镉主效基因缺失突变型快速转育技术选育的西子、安优系列材料在湘阴试验示范 160 亩，稻谷镉含量均比对照降低 90% 以上，远低于国家安全标准。理化诱变定向改良镉低积累水稻“莲两优 100”“莲两优 1 号”和“韶香 100”在醴陵试验示范，有显著镉低积累性状。基因编辑技术创制的镉低积累杂交稻“两优低镉 1 号”及其亲本在衡阳进行了 30 多亩环境释放试验，生存竞争能力指标及对生物多样性的影响较其对照均无显著差异。重离子理化诱变定向改良技术（M1TDS 技术）获国家发明专利授权，并以“镉低积累水稻新种质定向创制技术”为名，入选中国原子能农学会“2020 年中国核农学十大进展”。同时，农业农村部批准我院开展镉低积累水稻品种审定自主区试，创制的 8 个品种（组合）均表现较好的镉低积累和生产应用能力，预计 2024 年能审定大面积推广的镉低积累水稻品种。

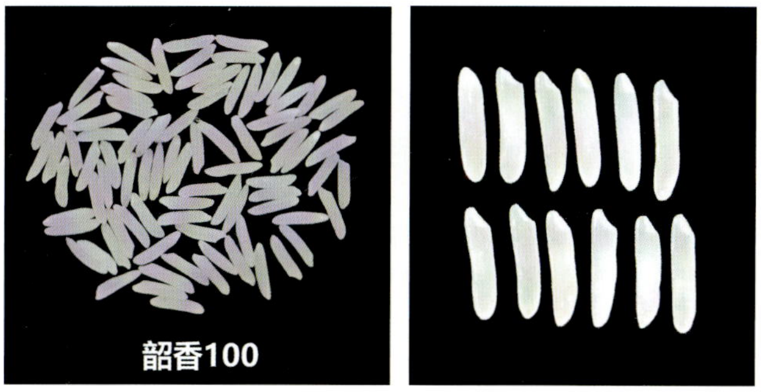

“韶香 100”

“莲两优 1 号”

“西子 3 号”

b. 藏粮于技科技创新成绩显著

双季稻亩产 1 500 kg 攻关在全国部署了 13 个基地，多地挖掘出了当地水稻最高产量。继续熟化第三代杂交水稻技术，先锋组合“叁优一号”在衡南县超高产攻关周年亩产达 1 603.9 kg，这是继去年突破 1 500 kg 大关后，再次刷新世界纪录。继续深化耐盐碱水稻研究，培育的耐盐碱水稻“叁优 9 号”在 0.6% 盐水浓度长期灌溉，小面积亩产达到 329 kg。优质稻研究保持领先优势，培育的不育系 33S 是第一个大面积应用的晚稻专用温敏核不育系。湖南省第一个一等优质杂交晚稻“泰优农 39”通过审定。同时，开展了水稻镉吸收转运蛋白、耐盐相关基因、直链淀粉含量基因、氮素吸收相关转录因子等新种质创制的基础研究。

c. 其他科技创新取得较大进展

生物合成取得了新的进展，通过筛选关键酶，调控基因表达、改造酶并优化表达体系，提高了目标产物的合成效率，同时开展了催化过程与作用机制研究，实现了柚皮素、橙皮素和香叶木素等类黄酮的生物合成。利用辣椒远缘杂交胚拯救和花药培养技术创制出辣度达 10 万史高维尔（SHU，辣度单位）以上的优异材料。在调控中国南瓜短蔓的基因精细定位、黄瓜果皮黄色形成新途径发现、猕猴桃重要性状基因鉴定和表达分析、果胶甲酯酶基因、黄金茶 1 号基因组测序、甘薯紫色种质资源新基因克隆、控制玉米籽粒镉含量关键基因定位与克隆、大豆基因编辑技术、ABC 转运蛋白的杂草抗药性等基础研究上取得重大进展。率先建立油菜分子定向改良技术平台，育成湖南省首个抗根肿病杂交品种，“沣油”系列油菜杂交品种全国推广面积连续 7 年排在第一位。构建了基于花粉低温保存的中国兰花种间育种体系。建立茶园减肥减药技术体系，示范应用 20 余万亩。集成以“光诱 + 性诱 + 色诱”为核心的蔬菜害虫绿色防控技术体系，对鳞翅目害虫防治效果达 90% 以上。光合细菌源微生物农药梯级产品研发、农药环境安全评价综合配套技术应用提供了绿色植保解决方案。农田酸化阻控关键技术获得突破，降低土壤交换性酸 35% 以上。建立空地一体智能化高效施药关键技术体系，创制履带式自动驾驶植保机、蔬菜自动取苗移栽机、自动生鲜包装机、仿地形割草机、柑橘采摘机器人等农业装备产品 13 项。

（3）科研条件

a. 启动建设国家重要科技平台

国家耐盐碱水稻技术创新中心 2021 年 3 月正式获得批复，是现有的 3 个农业领域国家技术创新中心之一。我院作为主要承担建设任务的单位，多次汇报争取科技部、省政府支持，已整合资金 2 700 余万元建设长沙研发总部。耐盐碱水稻生物学与遗传育种重点实验室、果品加工及综合利用技术集成科研基地、水稻（再生稻区）全程机械化科研基地 3 个国家重要科技创新平台获批并启动建设，建设资金超过 5 000 万元。油菜杂种优势利用湖南省工程研究中心等正式获得批复。全年累计获得科技创新平台资金近 8 000 万元。

b. 已建科技创新平台高效有序运行

水稻国家工程实验室（长沙）顺利通过重组评估，纳入国家发展改革委国家工程研究中心新序列管理。果蔬加工与质量安全湖南省国际创新合作基地平台验收，考核优秀。杂草生物学及安全防控湖南省重点实验室、湖南省蔬菜工程技术研究中心、湖南省柑橘工程技术研究中心、湖南省农业生物辐照工程技术研究中心通过 2021 年度湖南省重点实验室和工程技术研究中心定期评估，考核优秀。全年新收集优异特色农作物种质资源 1 300 余份。

c. 科研条件建设稳步推进

杂交水稻南繁综合实验基地配套建设完成并投入使用。杂交水稻（长沙）综合实验基地完成科研配套区拆迁、设计招标和项目代建招标工作，稻瘟病平台及抗逆平台开工建设。高桥科研基地平稳运行，环境整治和试验条件加快改善。数字文献资源保障和服务水平大大提升，相继开通 7 个中英文数字文献库。

（4）科技成果

授权发明专利 102 项，审定（登记）品种 44 个，其中，国审品种 4 个，新申请植物新品种保护 14 个，获得植物品种保护授权 14 个，制定技术标准（规程）133 项，发表论文 393 篇，其中 SCI 论文 143 篇，出版专著 13 部，软件著作权授权 14 个。国家自然科学基金项目新上 15 项，获得国家自然科学基金重点项目 1 项，新上岳麓山种业创新项目 2 项，省重点研发计划 10 项。柏连阳院士领衔的“粮食作物主要杂草抗药性治理关键技术与应用”项目荣获国家科学技术进步奖二等奖，团队获神农中华农业科技奖优秀创新团队奖。我院获“全国粮食生产先进集体”，杂交水稻研究中心被授予全国粮食安全宣传教育基地。全院共获省农业丰收奖一等奖 2 项、三等奖 1 项。评选院科技奖 15 项。

（5）对外合作交流

a. 拓展国内合作

积极开展科技合作与学术交流活动，与中国农业科学院、南华大学、国防科技大学、中南林业科技大学、湖南农业大学等科研院所有科研及人才培养合作，如与南华大学建立研究生联合培养基地、与湖南农业大学建立了学生教育实习基地等；在深化与隆平高科合作的同时，充分运用袁隆平院士的影响力和杂交水稻技术优势，与山西晋中国家农业高新技术产业开发区、长春市政府、四川国源农业投资有限公司、中绿农农业集团有限公司、湖南农兴文化传播有限公司等企业开展广泛合作；积极参加各类大会，如第 347 场中国工程科技论坛、第三届果蔬类功能食品开发及产业发展大会、第九届中国休闲食品科技创新与产业发展大会、中国茶叶学会青年科技论坛、茶学“十四五”规划研讨、第二届茶学生物学大会等，并在大会作主题报告。

b. 深化国际合作

继续深化与美国水稻技术公司、马达加斯加等的合作，积极参加“农业科技南南合作座谈会”、“中非稻米价值链提升研讨会”、马达加斯加执政党干部“执政党在农业发展和脱贫攻坚中的作用”培训研讨会；参与承办了国际稻作论坛和博鳌亚洲论坛全球经济发展与安全论坛；派出 1 名专家赴老挝与老挝农林研究院、炫烨（老挝）公司在老挝继续开展了水稻技

（二十）广东省农业科学院

1. 机构发展情况

广东省农业科学院是广东省人民政府直属事业单位，成立于 1960 年，前身是 1930 年由著名农学家丁颖教授创办的中山大学稻作试验场及 1956 年成立的华南农业科学研究所。现设水稻、果树、蔬菜、作物、植物保护、农业质量标准与监测技术、设施农业、动物科学（水产）、蚕业与农产品加工、农业资源与环境、动物卫生、农业经济与信息、茶叶、环境园艺研究所和农业生物基因研究中心共 15 个科研机构，设有博士后科研工作站。在职高级职称专家 565 人，博士以上学历 552 人，享受国务院政府特殊津贴专家 89 人，“百千万人才工程”国家级人选 4 人、全国杰出专业技术人才 1 人、国家现代农业产业技术体系专家 24 人。

2. 科研活动及成效

“营养健康导向的亚热带果蔬设计加工关键技术及产业化”获国家科学技术进步奖二等奖

广东省农业科学院 2021 年工作取得较好进展，实现了“十四五”良好开局。一是科技支撑乡村振兴成绩斐然。农业主导品种、主推技术分别占广东省的 63.9%、69.1%。在广东省乡村振兴实绩考核中连续 3 年获得优秀，获得广东省农村科技特派员优秀组织实施单位、乡村振兴先进集体等荣誉。二是科技立项稳定增长。新立科技项目 1 948 项，合同经费 5.92 亿元，同比增长 20.3%；到位经费 5.06 亿元，同比增长 30.5%。其中获得国家自然科学基金项目 30 项、省自然科学基金项目 80 项；新增横向项目 970 项、经费 1.46 亿元；获得驻镇帮扶农村科技特派员项目 98 项、立项经费 2 940 万元；3 个条件平台项目获农业农村部立项建设、立项经费 3 400 万元；2 个产业园项目获得省现代农业产业园立项、立项经费 1 亿元。三是科技成果再创佳绩。主持获得国家科学技术进步奖二等奖 1 项、中国专利优秀奖 1 项、广东省科学技术奖一等奖 2 项、神农中华农业科技奖 6 项；在 3 届广东种业科技创新大比武中获得两届冠军，3 项科技成果入选“十三五”广东省十大标志性成果。

（1）强化规划引领，推动构建新发展格局

兰花资源与遗传育种创新团队获神农中华农业科技奖优秀创新团队奖

贯彻落实习近平总书记对科技创新坚持“四个面向”的重要指示，立足“两个大局”和广东省发展全局，围绕打造新发展格局战略支点，系统谋划、高标准推进“十四五”规划编制工作，形成“1+1+6+15”的规划体系（两个“1”分别指广东省农业科学院总体发展规划、党建引领规划；“6”是科技创新发展、服务“三农”、人才队伍建设、科技平台建设、科技开发保障、后勤服务保障 6 个专项规划；“15”是 15 个广东省农业科学院属科研单位的规划，为引领高质量发展绘制了路线图。

（2）实施粤强种芯工程，打好种业翻身仗

一是发挥优势，做大做强现代农业发展“芯片”。整合全广东省农业科学院资源优势，申报建设广东省现代种业产业园并获得批准。联合白云区推动建设广州白云种业之都。53 个品种列入 2021 年广东省主导品种。“杂交稻优质不育系泰丰 A 的创制与应用”和“黄羽肉鸡高效育种技术开发与应用”项目分别获得第二、第三届广东种业科技创新大比武冠军，抗枯萎病优质特色香蕉新品种“粉杂 1 号”入选“2021 中国农业农村重大新产品”。

“杂交稻优质不育系泰丰 A 的创制与应用”和“黄羽肉鸡高效育种技术开发与应用”分别获得第二、第三届广东种业科技创新大比武冠军

（二十一）广西壮族自治区农业科学院

《中共中央关于制定国民经济和社会发展第十四个五年规划和二〇三五年远景目标的建议》中提出，坚持创新在我国现代化建设全局中的核心地位，把科技自立自强作为国家发展的战略支撑。2021 年，我院坚持科技自立自强，围绕“四个面向”持续强化科技创新，加强人才队伍建设，紧扣全区“三农”中心工作，大力实施创新驱动发展战略，以农业科技创新和成果转化为主线，精准发力，主动服务，为全区推进农业供给侧结构性改革、加快现代特色农业高质量发展提供了强有力的科技支撑。

1. 机构发展情况

广西壮族自治区农业科学院创建于 1935 年，是自治区人民政府直属正厅级公益一类事业单位。全院设有院办公室、人事处、科技处、计财处、后勤管理处、国际合作处、机关党委等 12 个处室以及甘蔗研究所、玉米研究所、水稻研究所、园艺研究所、经济作物研究所、植物保护研究所等 20 个直属研究所。

2. 科研活动及成效

（1）单位科研条件

全院设有 20 个直属研究所，169 个稳定资助科研团队，共建有 11 个分院、58 个试验站，主要从事以种植业为主的应用及应用基础研究，重点是粮、糖、果、菜、油、麻、食用菌、花卉等作物优良品种的选育及栽培，以及植保、营养、农业资源与环境、农产品加工与质量安全、农业信息与经济等技术研究。拥有省部级以上平台（含科普教育基地）118 个，国家现代农业产业技术体系（含广西创新团队）专家和综合试验站站长 67 个。其中，国家地方联合工程研究中心 2 个，国家作物改良分中心 5 个，农业农村部重点实验室、检验检测中心和风险评估实验室 6 个，自治区级重点实验室 5 个，工程（技术）研究中心 14 个，国家与部门原种基地、资源圃及科学观测站 38 个，国际科技合作基地 2 个和博士后工作站 1 个等。现有实验室建筑总面积约 3 万 m^2，拥有进口及 5 万元以上科研仪器设备约 638 台（套），仪器设备总值超过 1.5 亿元，其中 20 万元以上大型仪器设备约 200 台（套）。全院现有职工 2 734 人，其中，在职在编职工 1 418 人，专业技术人员 1 104 人，高级职称 538 人，博士 147 人，在站博士后 11 人。

（二十三）重庆市农业科学院

1. 机构发展情况

重庆市农业科学院为正厅局级全民所有制公益型农业科研事业单位。2021 年新增一个内设机构——土壤研究所（重庆土壤研究所），现有 10 个职能处室，15 个研究所。截至 2021 年底在职职工 566 人，硕博士人员 262 人、正高级专家 88 人，拥有百千万人才工程、国务院政府特殊津贴专家、英才计划优秀科学家等国家和省部级以上高层次人才 40 余人次。“鱼菜共生工厂化生产技术创新团队”入选重庆英才·创新创业示范团队，4 人入选重庆英才·创新领军人才、重庆英才·名家名师等。建成国家级、部级、市级科研试验平台 34 个，拥有科研试验基地 8 000 余亩。学科涵盖粮经作物、农业装备、农产品加工、农产品质量安全、农业资源环境、乡村经济和信息技术等领域。

2. 科研活动及成效

自主创新水平不断提升，2021 年新立科技项目 193 项，全年获省部级以上成果奖 13 项，其中获国家科学技术进步奖二等奖 1 项，审定、登记、鉴定农作物新品种 40 个，获得植物新品种权 4 项，获准专利 93 项，获批地方标准 13 个，发表学术论文 155 篇，编写著作 6 部；2021 年 10 月下旬鱼菜共生技术成果在中共中央政治局委员、国务院副总理胡春华和市委书记陈敏尔同志莅临我院视察重大科研创新技术和成果时，获肯定性推广应用批示；选育高直链淀粉玉米品种“鲁渝高直 3 号”、越冬脆甘蓝“春秋 1 号”、赏食兼用型蚕豆品种“豆美 1 号”、国内首个单性结实茄子品种“渝早茄 9 号”等一批突破性品种，研制出具有山地特色的省域级“产业数字地图”。科技支撑服务乡村振兴，组建 13 个科技产业扶贫技术指导组、29 支脱贫攻坚专家服务团，选派 5 名驻村第一书记，12 名驻村产业指导员，助推深度贫困乡镇——巫溪县红池坝镇实现高质量脱贫，助力酉阳县花田乡等乡镇巩固脱贫攻坚成果和乡村振兴有效衔接见到实效；驻村第一书记刘吉振获全国脱贫攻坚先进个人，果树研究所获全市脱贫攻坚先进集体；微视频《枝枝叶叶总关情》入选“2021 年度中国大美科技特派员”。成果转化不断推进，转化新品种 163 个，入选 2021 年全市农业主导品种 9 个、主推技术 9 项，新品种新技术覆盖面积 2 000 多万亩，优质杂交水稻淹水直播技术被四川省农业农村厅发布为主推技术，超高含油量庆油

杂交水稻淹水直播技术

庆油 8 号油菜品种（含油量 51.54%）

系列油菜新品种在长江流域年推广面积快速突破 500 万亩，自主育成的杂交水稻新品种在孟加拉国稳定推广 100 万亩。对外合作交流持续加强。成功举办成渝地区双城经济圈农业科技创新联盟第一届第二次理事会和学术交流大会，联合发布 100 余项重点科技成果；7 项项目与中国农业科学院达成合作意向，43 项“鲁渝科技合作”需求得到重庆、山东两省市领导高度关注；持续开展“中国农业技术惠坦行”活动，工作成效受到中国驻坦桑尼亚大使馆和坦桑尼亚主流媒体高度赞扬。

（二十四）重庆市畜牧科学院

2021 年，我院以“建设国家畜牧科技创新高地、构建畜牧科技协同创新体系、提升创新创业五大条件能力、赋能产业发展三大专项行动、精准施策强化五大保障措施”的业务“11535”工程为抓手，“十四五”科研事业发展开局良好，为重庆乃至全国畜牧业发展、新冠疫情防控、乡村振兴等社会民生事业作出了积极贡献。

1. 机构发展情况

目前，全院共设有 12 个研究所，涵盖了生猪、动物营养、兽医兽药等研究领域。为构建畜牧科技协同创新体系新格局，新建万州、荣县 2 个分院，川渝合作进一步加强；在云南、重庆建立 4 个专家工作站；组建生猪领域研发团队 14 个、其他研发团队 9 个。牵头申报的“国家生猪技术创新中心”获科技部批准建设。已成立市级工作领导小组、第一届理事会和专家委员会；印发并实施《国家生猪技术创新中心实施方案（2021—2025）》《关于支持国家生猪技术创新中心建设的若干政策》；构建了“1 个总部 +4 个分中心 +9 个协同创新研究院 +6 个示范站 +3 个海外研发机构 +*N* 个功能研发中心”的创新空间体系；聘请 10 位院士、263 名专家形成 5 个领域 14 个创新团队，启动建设 7 个高端研发平台；申报“十四五”国家重大研发计划等项目 20 余项；正在申请设立“重庆国家生猪技术创新中心”事业单位，已成立注册资金 1 亿元的运营公司，创新了市场化的选人用人等体制机制。

实验动物资源鉴定证书（正本）

证书编号：00004

经中国实验动物学会实验动物资源鉴定与评价工作委员会对 重庆市畜牧科学院 培育的实验动物资源进行鉴定与评价，“人抗体转基因小鼠（CAMouse^{HG}）”为中国实验动物资源。特发此证。

完成人：葛良鹏，刘作华，邹贤刚，刘雪芹，游小燕，吴梦，杨希，梁浩，杨松全，黄勇，张进成，罗林，肖香英，姚浩敏，于元松。

中国实验动物学会
实验动物资源鉴定与评价工作委员会
2021年09月06日

实验动物资源鉴定证书

全院现有在职职工 431 人（编制人员 317 人，编外人员 114 人）。其中，专业技术人员 336 人，占在职职工的 78 %，具有正高级职称 66 人，副高级职称 86 人，全院拥有博士学位 61 人，硕士学位 147 人，45 岁以下青年科研骨干 228 人，占在职职工的 53%；引进副高级职称人才 2 人，引进全职博士后研究人员 2 人，招聘博士 1 人、硕士 8 人，本科 3 人；柔性引进院士 5 人，高层次专家 21 人，研发团队 1 个；自主培养博士 2 人，与四川农业大学、西南大学、重庆大学等联合培养研究生 17 人。目前，我院拥有部市级创新团队 14 个，培育新世纪“百千万人才工程”国家级人选、国务院政府特殊津贴专家、现代农业产业技术体系岗位科学家、全国农业科研杰出人才、学术带头人等优秀人才 70 人。2021 年，我院 1 人获国务院政府特殊津贴，1 人入选重庆英才·创新领军人才，1 人获“重庆市第六届先进工作者”荣誉称号；生物饲料开发团队入选 2021 年重庆英才·创新创业示范团队。

2. 科研活动及成效

（1）科研项目及成果

2021 年，全年实施在研项目 250 项，合同经费 1.45 亿元。新增项目 96 项（其中省部级项目 34 项），新增科研项目经费 5 002 万元。完成项目结题验收 125 项。推荐省部级成果奖 7 项；获重庆市科学技术进步奖三等奖 1 项、神农中华农业科技奖三等奖 2 项、院级奖励 3 项；申报地方标准 8 项，发布 6 项，完成发布 5 年以上地方标准复审 5 项；发表论文 122 篇，其中 SCI 收录 25 篇；授权专利 43 件；出版著作 3 部；开展成果评价 2 项，登记成果 4 项。

（2）重要研究进展

牵头编制完成科技部《“十四五”农业农村科技创新专项“畜禽水产与疫病防控”专题规划（2021—2025）》；初步建立荣昌猪标准体系（7 大类 22 个标准）；完成涪陵黑猪配套系 4 个世代、中蜂新品种 2 个世代培育；完成“渝州白鹅”新品种第三方性能测定；“渝城 1 号黑鸡”新品种进入中试阶段；筛选出蛋白饲草新品系 2 个。培育、研发人抗体转基因小鼠（CAMouse）实验动物新资源、新饲料添加剂等新产品 9 个。10 月 21 日，中共中央政治局委员、国务院副总理胡春华莅临我院视察，对我院多年来科研事业所取得的成绩尤其是在荣昌猪品种资源保护与利用方面给予了肯定，并作出重要指示。

（3）科研条件平台

年内制定修订平台管理相关办法 3 个，投入平台运行经费 620 万元；“畜牧科学国际科技合作基地”顺利通过科技部绩效评估。西南中兽药评价中心、医用动物转化应用系统和全人源抗体药物开发平台、黔江研发基地完成初步验收；国家重点区域级畜禽基因库、SPF 猪生产示范场完成土建工程，重庆市畜禽用抗菌肽研究中心获批建设，院属 28 个省部级以上研发平台运转良好。

（4）成果转化推广

新增与 11 家企业深度合作，转化科技成果及推广新技术 15 项，科技成果转化和技术服务收入 817 万元。成果转化平台——“重牧硅谷”国家级孵化器成功加入重庆孵化器协会，年内入驻企业 14 家，共计孵化企业 89 家，入驻企业金迈博公司启动科创板上市。获授牌“成渝双城十大特色创孵载体（2021）”。

（5）科技服务与乡村振兴

为将巩固脱贫攻坚成果和乡村振兴工作落地落实，我院科技人员积极开展科技服务，助推地方特色畜牧产业发展。2021 年，选派市级科技特派员 92 人，国家“三区”科技人才 14 人，分别在西藏、云南、重庆 27 个县区 113 个乡镇开展畜禽、疫病防控等技术指导 600 次左右，推广成果及技术 160 余个，开展培训 80 余场次，培训人员 3 800 余人，其中技术精英 500 余人，为养殖企业（场、合作社）解决技术难题 73 个，培育企业（场、合作社）100 余个。成立院实施乡村振兴战略领导小组；组建 3 个对口工作组；派驻驻村第一书记 2 人，常驻专家 3 人；挂牌“重庆市畜牧科学院乡村振兴畜牧技术示范点”116 个；组织 212 人（次）专家下基层，开展技术指导 107 次，推广 48 项科技成果，举办培训班 63 期，培训 2 589 人次，促进乡村畜牧产业健康发展。与荣昌区签订协议、共商方案，开展全国农业科技现代化先行县共建工作。

“成渝双城十大特色创孵载体（2021）”授牌

（6）交流合作更加广泛

主办或承办“2021 动物环境与福利化养殖国际研讨会”等大型国际国内会议 5 个，加入“国家动物健康与食品安全创新联盟”，入选“国际山地农业科技创新联盟”理事单位、“重庆市国际科技合作基地联盟”副理事长单位。牵头组织 50 余家高校、科研院所、企业成立“重庆市畜牧技术创新战略联盟”，促进科技成果转化；牵头筹建“生猪技术创新战略联盟”，整合全国资源，促进生猪产业高质量发展。与国内畜牧科技中小型企业联建研发中心，双方出资，连续支持 3 年，切实解决畜牧中小企业生产中的实际问题。联建研发中心 8 个，已取得初步成效。积极参与地方畜牧经济建设，已在重庆云阳、四川内江等地建设分院（所）15 个，启动涪陵和江津分院及隆昌研究所的建设工作，切实为畜牧业发展保驾护航。

（二十五）四川省农业科学院

2021 年，以习近平新时代中国特色社会主义思想和习近平总书记对四川工作系列重要指示精神为指导，紧扣“学党史、悟思想、办实事、开新局”的党史学习教育主题，全面学习贯彻党的十九大，十九届五中、六中全会，十九届中央纪委五次全会，以及省委十一届九次、十次全会，省纪委十一届四次全会精神，围绕省委“一干多支、五区协同”“四向拓展、全域开放”的战略部署，按照院党政提出的“政治、业务、社会”三大目标和“五个四”发展思路，始终坚持开拓创新的工作总基调和“项目、学科、人才、团队、平台”五位一体的科技管理思路，奋力推动“国内一流、国际知名”强院建设，全院科技工作取得显著成效。

1. 机构发展情况

四川省农业科学院是四川省人民政府直属的综合性农业科研机构，前身为 1938 年成立的四川省农业改进所，至 2021 年已有 83 年历史。现拥有 14 个研究所、1 个所级科研保障机构，与省内市州地方政府共建 12 个分院。其中，四川省农业科学院土壤肥料研究所、四川省农业科学院遥感应用研究所、四川省农业科学院分析测试中心、四川省农业科学院服务中心 4 个单位分别更名为四川省农业科学院农业资源与环境研究所、四川省农业科学院遥感与数字农业研究所、四川省农业科学院农业质量标准与检测技术研究所、四川省农业科学院科技保障中心；四川省农业科学院农产品加工研究所增挂“四川省农业科学食物与营养健康研究所”牌子；四川省农业科学院海南分院增挂“四川乡村振兴产业技术海南研究院”牌子。

全院建有国际合作中心 4 个、省部级及以上创新转化平台 62 个，其中，省部级重点实验室 12 个，国家博士后科研工作站 1 个。主要优势学科有作物遗传育种、耕作栽培、植物保护、土壤肥料、资源环境、农业微生物、生物技术、农用核技术、蚕业科学、水产养殖、农产品安全、分析测试、农业遥感、农业信息技术、农产品贮藏加工、农业经济、农业大数据等。

截至 2021 年底，全院职工 2 531 人，在职职工 1 197 人。高级职称专家 431 人，包括正高级职称专家 137 人（其中二级研究员 31 人）、副高级职称专家 294 人；博士 209 人、硕士 353 人；全国杰出专业技术人才 1 人、国家百千万人才工程人选 4 人、国务院政府特殊津贴专家 29 人、四川杰出人才奖 2 人、四川省学术和技术带头人 32 人、四川省有突出贡献中青年优秀专家 32 人、四川省天府青城计划入选专家 10 人（含天府农业大师 4 人、天府科技领军人才 1 人、天府创新领军人才 1 人、天府创业领军人才 1 人、天府社科菁英 1 人、天府科技菁英 2 人）。

我院共有国家现代农业产业技术体系岗位专家 16 人、试验站长 21 人。水稻、玉米、油菜、水果、蔬菜、食（药）用菌、薯类、麦类、茶叶、特色经作、蚕桑、豆类杂粮、淡水鱼 13 个国家现代农业产业技术体系四川创新团队为我省现代农业产业发展提供了有力支撑，其中创新团队首席专家 8 人、岗位专家 48 人。

2. 科技创新成效

（1）科研项目与经费

2021 年，全院到位科研经费 19 428 万元，“十三五”以来连续 6 年超过 1.5 亿元。共承担国家、部省、市级和横向项目等共计 975 项，较上年增加 994 万元，增幅 5%。其中，国家级课题 121 项，经费 5 735 万元，占总经费 30%；省级项目 339 项，经费 6 082 万元，占总经费 31%；其他经费 7 611 万元，占总经费 39%。

（2）科技成果

我院获省部级科技成果奖 20 项（主持 10 项、参与 10 项）。获得省部级一等奖 3 项（主持 2 项、参与 1 项），其中，主持获得四川省科学技术进步奖一等奖 1 项、神农中华农业科技奖一等奖 1 项；获得省部级二等奖 8 项（主持 5 项、参与 3 项），其中，主持获得四川省科学技术进步奖二等奖 3 项，神农中华农业科技奖二等奖 1 项，四川省第十九次社会科学优秀成果二等奖 1 项；获得省部级三等奖 9 项（主持 3 项、参与 6 项），其中，主持获得四川省科技进步奖三等奖 2 项，神农中华农业科技奖三等奖 1 项。获四川省科学技术进步奖 10 项，占农业类获奖成果的 42%，其中一等奖、二等奖分别占农业类同等级获奖成果的 50%。

通过审定（认定、登记）农作物新品种共 145 个。其中，国家审定（登记）67 个，省级审定（认定）78 个。

我院作为第一技术依托单位，获农业农村部农业主推技术 1 项；我院作为第一技术依托单位，获四川省农业主推技术 52 项，占发布主推技术的 42%，连续 4 年位居全省第一。其中，粮油作物类 6 项、特色产业类 14 项、农业机械与加工类 9 项、绿色防控类 11 项、健康养殖类 3 项、资源环境类 9 项；获国家标准和行业标准各 1 项，获地方标准 13 项。

科技人员发表论文 497 篇，其中 SCI/EI 102 篇，最高影响因子 7.561。以第一作者、第一单位发表 SCI 期刊收录论文 50 篇，较去年增幅 28%，其中 Q1 区 28 篇，影响因子 5.0 以上 13 篇；申请专利 137 件，获得专利授权 139 件，其中国际发明专利 2 件，国家发明专利 50 件，实用新型专利 87 件；申请植物新品种权 60 件，授权植物新品种权 16 件。

（3）学科发展

进一步完善学科布局，深化学科建设，巩固提升“学科建设年”的成果成效。巩固提升作物种质资源学、作物遗传与育种学、作物栽培与耕作学、果树学、蔬菜学、茶学（包括茶加工等）等具有全国影响力的学科领域；拓展培育智慧农业、基因编辑等具有较强发展潜力的前沿研究方向。

（4）科研平台建设

2021 年，我院 6 个项目获批立项建设，2 个项目获准验收通过。“四川省长江鲟保护中心建设项目”“四川省长江鲟野化驯养基地建设项目”“农业农村部彭州生物育种科研试验基地建设项目”获农业农村部立项批复。“农业农村部西南地区小麦生物学与遗传育种和西南地区园艺作物生物学及种质创制重点实验室建设项目”顺利通过验收。“粮油作物绿色种质创新与遗传改良四川省重点实验室”获四川省科学技术厅建设批复，全院省重点实验室达到 3+1 个。“长江上游鱼类资源与环境四川省野外科学观测研究站”获四川省科学技术厅建设批复，是四川省首批野外科学观测研究站之一，也是四川省第一个鱼类资源与环境野外科学观测研究站。“四川省桑蚕品种种质资源共享服务平台”获四川省科学技术厅建设批复，计划建成我国中西部地区唯一的蚕种资源茧丝质量检测中心。

（5）重要研究进展

a. 资源收集与利用不断加强

继续开展第三次全国农作物普查与抢救性收集项目（四川），扎实推进丹巴、金川、小金、九寨沟和松潘 5 个重点县的系统调查与抢救性工作，2021 年累计收集粮油作物上千份，收集或引进川芎、丹参、芍药等中药材资源 215 份，芦笋、白菜等蔬菜资源 49 份，芝麻、绿豆等杂粮资源 206 份，蓝莓野生资源 5 份，枇杷、苹果等优良种质资源 5 份，蜡梅种质资源 150 份，花椰菜、西蓝花种质资源 500 多份。截至 2021 年底，全院累计收集保存各类种质资源达 68 000 余份，其中粮油作物种质资源达 46 000 余份。

新收集米易梯田红米、合江带绿荔枝、彭州大蒜、得荣树椒和达川乌梅，分别被收入 2018 年、2019 年和 2020 年“全国农作物种质资源普查与收集十大重要成果”。通过第一次全国水产养殖种质资源普查，基本掌握岷江和大渡河的双江口、泸定、沙湾、松潘、乐山和宜宾河口等各个监测站渔业资源状况、水生生物及生态环境现状，为构建渔业资源数据库和共享平台奠定了基础。率先启动主要粮油作物核心种质资源测序工作，已开展水稻、玉米、小麦、油菜、薯类五大作物共计 1 500 余份核心材料测序。

b. 高产优质专用新品种选育实现新突破

一是高产品种不断涌现。一级优米新品种“品香优稠珍”百亩示范片亩产量达 817.2 kg，达到农业农村部超级稻认定标准。水稻品种“川康优丝苗”及配套高产高效栽培技术，在中江县创亩产 910 kg 高产纪录。优质稻品种“内 6 优 107”配套杂交中稻－再生稻高产高效技术，在隆昌市百亩示范中稻、再生稻产量分别为 757.5 kg 和 349.2 kg，合计亩产 1 106.7 kg，且连续 4 年两季亩产突破 1 000 kg，创造了四川省中稻－再生稻高产历史纪录。“川麦 88”高抗穗发芽，两年区试平均产量 415.6 kg/ 亩，比对照品种增产 13.1%，增产点率为 100%。高产广适粒用大豆品种成豆 17，是我院首个获得国家审定的大豆新品种。萝卜新品种“蜀萝 11 号”平均单根重 709 g，折合亩产超过 4 000 kg，比对照品种增产 38% 以上，每亩节本增收 1 000 元。“蜀草 3 号”高粱苏丹草具有生物产量高、生长速度快、叶量大等特点，适宜在我国南方地区推广应用。

二是优质品种不断丰富。“川优 8723”和“川康优 723”在省种子站组织的食味鉴评中优于对照品种“宜香优 2115”。“川麦 98”黄酮含量高（1.3 g/kg），面粉呈奶黄色，已开发出无添加、营养健康型“川麦 98”奶黄面粉。“川油 71”具有较强的抗裂荚性和抗倒性，是适宜机械化收获的双低优质油菜新品种；“旌油 169”为“双低”甘蓝型油菜，产量高、抗性强，镉低吸附。育成优质粉色毛木耳新品种“粉耳 1 号”并成功转让。

三是特色专用品种实现突破。专用粳稻低镉积累品种“德粳 4 号”“沈农 9903”德阳千亩示范片产量再次突破 600 kg，较好地解决了因稻田重金属镉污染而造成稻米镉含量超标的难题。“成单 399”是四川省首个通过审定的粮饲通用型玉米新品种；彩色甜加糯型玉米“锦甜糯 198”为四川省自主选育的第一个彩色的玉米甜加糯品种；大穗型糯玉米“德糯 178”平均亩产 916.8 kg，较对照增产 8.9%。“玉龙 1 号”有望成为全省首个通过国家审定的特色水产新品种，也是国内唯一的白乌鱼新品种。

c. 高产高效绿色配套技术研发能力持续增强

西南小麦绿色高质高效生产技术入选 2021 年度中国主要粮油作物绿色发展报告经典案例。创新稻麦轮作系统生态调控技术，在国内首次实现了水稻、水禽、水产“三水”合一规模化示范，稻鸭品系已实现 6 世代无抗生素规模化饲养，解决了农药和抗生素超标准使用问题。创建了“因种、因地、因苗”（三因）节肥高效栽培技术、机插机收丰产高效农艺农机融合技术等关键技术。

粮饲通用型玉米品种“成单 3601”及配套高产栽培技术，在四川省甘孜藏族自治州丹巴县刷新了四川玉米高产攻关单产与百亩示范片产量纪录，为川西高原藏区的玉米产业高质量发展提供了科技支撑。

开展了猕猴桃病害绿色防控技术集成研究与示范，集成了猕猴桃绿色生产技术，示范区溃疡病发生率可控制在 10% 以下，果品商品率提高 10%，经济收益每亩增加 1 200 元。

因地制宜制定并推广粮经作物间套作、果树 – 豆类间套作、花生机械化栽培、病虫害绿色防控等新技术新模式，其中“果树 – 豆类间套作”新模式每亩地可减少化肥 8 ～ 10 kg，减少除草 3 ～ 4 次，节本增收 600 ～ 800 元；“玉米 – 中药材轮作”模式，亩产值 5 800 元，比净作玉米收益增加超过 2 000 元；丘陵区小型花生机械化种植技术，效率较人工种植提高 5 ～ 10 倍，亩节省人工等成本 600 元以上；芦笋早生及水分精准施用技术，可使芦笋提前 18 天出笋，笋农每亩实现增收 3 564 元；形成“茶叶优质安全高效生产管理技术”“茶园病虫害绿色防控技术”等省级主推技术 3 项，新技术示范推广面积累积 5 000 多亩，在精制川茶及脱贫攻坚中取得了显著的成绩。

d. 农业资源环境技术研究进一步加快

化肥农药减施增效成效显著。首次研究建立四川盆地夏玉米化肥农药减施技术模式，较传统模式减施化肥 22.3%，化肥利用率提高 24.3%，化学农药减量 32.9%，综合机械化水平提高 56.0%，玉米亩均增产 5.7%，解决了夏玉米产量低而不稳、化肥农药使用量高损失大的问题。在四川成都、达州、德阳、宜宾及陕西汉中推广应用苗期盾壳霉土壤喷雾防治油菜菌核病技术，合计应用面积近 2 000 亩，平均防效达到 73.2%，油菜籽产量增产 15.6%；集成以种子包衣 + 适期晚播为核心的根肿病轻简化防控技术，核心示范区油菜根肿病防效均达 70% 以上，每亩增加油菜籽 20 kg 以上，经济效益显著；对四川省主要茶区茶叶病虫种类及发生规律、高效低毒防治药剂、茶园化学农药减施增效技术等进行研究，形成四川茶园化学农药减施增效技术模式 1 套。

稻田温室气体减排研究获得新进展。在“双碳”目标背景下，开展了温室气体排放强度和生态系统经济净预算综合评价，研究证明，在覆膜条件下再生稻种植可提高生态系统经济净预算，降低温室气体排放强度，可为水资源短缺地区的环境改善和农民增收带来双赢。

西南紫色土坡耕地合理耕层构建技术体系得到初步建立。首次提出土壤过于松散和过于紧实均是造成耕层条件较差的原因，建立耕作方式 – 土壤结构 – 根系生长 – 作物产量的影响机制通道，阐述了西南紫色土坡耕地合理耕层构建的关键土壤指标及土壤学机理，明确了土壤容重控制在 1.35 ～ 1.49 g/cm^3 范围内时，紫色土坡耕地能够保持高且稳定的农作物产出。

e. 水产健康养殖取得新进展

围绕“稳粮、促渔、增效、提质、生态”的理论和技术核心，系统揭示了稻渔生态种养结合原理，创新了稻渔生态种养提质增效关键技术，构建病虫草害绿色防控技术体系，研发出适宜不同区域的新型稻渔生态种养模式并集成示范推广，引领稻渔种养产业转型升级和健康可持续发展。成果推广应用至全国 10 多个省市，示范和推广基地农药使用量平均降低 61.6%，化肥使用量平均降低 26.5%。与传统稻田养鱼模式相比，综合经济效益提高 60%，农民增收 100%，水稻品质和水生动物健康度明显提升。

f. 蚕桑机械化水平稳步提升

“小蚕共育环境智能化控制系统”集成创新了小蚕工厂化标准化生产体系，实现了养蚕环境温度、湿度、光照等环境变量的智能控制，自 2015 年以来先后在四川 40 多个蚕桑主产县（市）和广西、云南、江苏、浙江、重庆、新疆等 18 个全国重要蚕桑省区市推广应用，并远销古巴、越南等国，入选“2021 中国农业农村十大重大新装备”。

利用我院新建的人工饲料标准共育平台，重点开展了家蚕人工饲料共育技术的研发与集成示范，建立完善的小蚕人工饲料共育技术体系 1 套，研发粉体人工饲料切料机，并在广西、四川、安徽、浙江、江苏等省区市应用推广 100 多台，先后在我省宁南、珙县、仪陇、武胜等蚕桑强县示范推广，为小蚕人工饲料育在生产中的大面积应用起到了积极高效的推动作用。

g. 农产品加工和食品安全研究水平进一步提升

开发了一批多元化新产品。高端菌类清香型小曲酒和清溢香小曲白酒产品得到市场高度认可。开发了芦笋乳清蛋白粉、芦笋雪莲饮和芦笋系列代餐粉产品；推出了食用菌精深加工产品 5 个（灵芝无糖咀嚼片、羊肚菌松茸菌汤料、灵芝乌龙茶、猴头菇红茶、羊肚菌菊花普洱茶）；研发茶叶新产品 10 余个（金凤黄茶、高县黄金芽、青城道茶、巴山早雀舌、御芽天娇红茶、调味袋泡茶、超微茶粉、三花 1951 白茶、云顶绿扁形茶、金花藏茶等），均荣获第十届中国（四川）国际茶叶博览会金奖。

建立了农产品全程质量控制技术。以 CAQS-GAP 试点（国农产品全程质量控制技术体系）为抓手，实现农产品质量安全全程管控，提高农产品生产基地标准化、规范化生产水平，保障农产品质量安全和营养品质，同时将品牌推广、质量追溯等农产品质量安全工作串联起来同思考、同布局，强化特色农产品优势，积极培育农业品牌，扎实推进新“三品一标”高质量发展，助推乡村振兴农业发展。

开发了有毒有害物质多残留筛查技术，实现了有毒有害物质残留（包括农药残留、兽药残留和生物毒素）的一次性快速筛查，极大地拓展了有毒有害物质残留的筛查范围，整合优化了筛查参数，开发了当前产业发展需求的有毒有害物质残留“筛查套餐”。2021 年，首次建立饲料产品中高通量兽药残留（268 种兽药残留）高分辨质谱快速筛查套餐，首次建立肥料中 5 种植物生长调节剂筛查方法。

h. 基础研究进一步深化

新发现水稻核转录因子 OsNF-YB3 具有调控水稻抽穗期的功能；揭示了 OsNF-YB4 调控水稻抽穗期提前的机制；利用基因聚合技术培育获得聚合 *Pi* 基因 *Pib*、*Pi25* 和 *Pi54* 抗稻瘟病水稻新材料；基于基因编辑技术 CRISPR/Cas12a 系统，获得针对稻瘟病抗性位点的单突变体、双突变、三突变体、四突变体等。深入解析了优质氮高效不育系德香 074A 高产优质的分子机理。

建立番茄基因组编辑效率快速评价体系，对不同优异番茄材料遗传转化效率进行筛选，获得具有极高遗传转化效率的粉红大果型番茄 2016–48 材料 1 个，建立了番茄高效遗传转化体系，使目前的遗传转化效率保持在 10% ～ 30%，比前期研究大幅度提高。

i. 新兴学科呈现快速发展态势

构建了高丹草三系配套育种体系，研发了绿色增效技术及模式 14 套，其中主推技术 6 项，建立理县“果 – 草 – 畜种养结合绿色增效模式”、洪雅县绿色种养循环模式“零化学肥料零化学农药示范区”、宣汉县“蜀宣花牛 + 优质饲草生产示范园”、宁南县“优质饲草绿色高效生产示范区”。选育饲草新品种 8 个（其中国审品种 5 个），并成功实现品种转化，国审品种转化率 60%，开创了业界先河，新品种新技术在农区、半农半牧区大面积推广应用，成效显著。

大力推广“四川及西南区耕地资源遥感精准监测关键技术与应用”和“四川及西南区农业生产遥感动态监测关键技术研发与集成应用”等科技成果，深化农业信息化技术体系应用。运用多时空农业碳足迹监测与环境影响评价关键技术，通过遥感、地理信息系统技术和建模手段来监测碳排放热点区域、建立四川农业碳排放评价体系及制定低碳农业发展方案，致力于农业碳中和目标的实现。

j. 新产品研发取得阶段性成果

筛选出的脲酶抑制剂 NBPT 配合秸秆还田使用，油菜地氨挥发量随水稻秸秆还田量增加而增加，使用脲酶抑制剂 NBPT 之后，油菜地氨挥发显著下降，基本上接近于不施肥处理，基肥期效果比薹肥期效果更加显著。

在米易县新山乡建立杧果细菌性角斑病绿色防控技术示范基地，示范推广新型农林保水剂“施可润”100 亩。利用保水剂对杀菌剂的缓释性，基本无细菌性角斑病发生，杧果树生长旺盛，叶片清秀，挂果正常，据统计新技术对细菌性角斑病防效 95% 以上。在稻城县金珠镇、噶通镇雪上一枝蒿提质增产技术集成示范试验，示范推广新型农林保水剂“施可润”100 亩。据统计成活率 96.3%，对照成活率 88.7%，集成技术处理平均亩产鲜重 439 kg，对照亩产 346 kg，处理比对照增产 26.9%。

3. 对外合作交流

2021 年，我院继续抓好“国际合作平台建设”，着力推动全院科技成果“走出去”。一是精心谋划成立国际山地农业科技创新联盟，主办第三届国际山地农业研讨会。由我院提议，和国际山地综合发展中心、中国农业科学院、尼泊尔农研委共同发起，33 个国内外农业科研机构以及企业参与，共同成立国际山地农业科技创新联盟，成功召开第三届国际山地农业研讨会。二是创新开放合作新模式。积极争取外事主管部门和驻华使馆、机构的支持，深化与国外农业机构合作。12 月 27 日，我院与韩国食品研究院举行科技合作在线签约仪式，共同签署了《四川省农业科学院与韩国食品研究院合作备忘录》，充分发挥中韩两地科研团队的资源优势，促进传统食品发酵研究创新发展。三是高水平推进实施国际合作项目。围绕科技创新、成果转化、乡村振兴等重点领域，坚持需求导向、目标导向，积极主动争取国际科技合作项目，共实施国、省、院国际科技合作项目 20 余项。

4. 服务乡村振兴和科技成果转化情况

围绕院深化科技成果年行动，抓好“十项重点”，着力强化乡村振兴战略科技支撑。2021 年 4 月，我院成功召开了全院科技成果转化大会，聚焦巩固拓展脱贫攻坚成果与乡村振兴有效衔接、成渝地区双城经济圈建设、四川省现代农业“10+3”产业体系建设，聚力“六稳”“六保”、粮食安全和耕地绿色生产，发布了《四川省农业科学院 2021 年科技成果转化年行动工作方案》，对科技成果转化示范作了重要部署，明确 10 个方面的重点任务，结合“科技下乡万里行”，组织了 65 个团队共 1 218 人次专家，为全省全面推进乡村振兴提供科技支撑、技术指导服务，出台《四川省农业科学院科技成果中试熟化与示范转化项目及经费管理办法（2021 年修订）》《四川省农业科学院现代农业科技示范农场服务及管理办法（试行）》，确保科技成果转化年行动落实见效。

（1）主动融入巩固脱贫攻坚成果同乡村振兴有效衔接

一是加强顶层设计指导。细化出台了《关于巩固拓展脱贫攻坚成果同乡村振兴有效衔接科技支撑行动实施意见（2021—2022 年度）》（农院委〔2021〕88 号），明确了“31226”目标；出台《四川省农业科学院全面助力凉山州和攀枝花市巩固拓展脱贫攻坚成果同乡村振兴有效衔接 2021 年度工作方案》《关于巩固拓展平昌脱贫攻坚成果同乡村振兴有效衔接的科技帮扶行动方案（2021—2025 年）》，坚决支撑凉山彝区深度贫困县脱贫后提质巩固好产业持续发展，重点帮扶好平昌县乡村振兴科技示范，分区分类做好科技助力巩固拓展脱贫攻坚成果同乡村振兴的有机衔接，示范带动昭觉县等 25 个国家乡村振兴重点帮扶县、九寨沟县等 25 个省乡村振兴重点帮扶县全面发展。

二是助力全省巩固拓展脱贫攻坚成果同乡村振兴有效衔接工作推进会召开。立足多年来帮扶建立的园区基地，设立凉山彝族自治州特色产业发展项目16个，投入筹备资金257万元，沿考察线路布置科技支撑点位近40个，院州紧密合作打造出越西苹果、西昌玉米葡萄花卉、会东蓝莓、布拖马铃薯、宁南蚕业、德昌枇杷果桑、昭觉蔬菜、喜德饲草、会理花生、米易保水剂、攀枝花果酒加工等一大批高标准现代化农业园区，近50个科研团队奔赴一线筹备并以不同方式参加了推进会，为大会的胜利召开作出了应有贡献。我院科技帮扶的先进事迹为四川新闻联播、四川日报、四川观察、川观新闻等主流媒体深度报道，充分展示出省级农科院的责任担当和科技成果示范转化对现代农业发展的支撑引领作用。

三是调整深化我院定点帮扶工作的重心和力度。根据平昌县和帮扶村的实际情况，在组织领导、政策、人才、力量等衔接方面细化为8个精准衔接。形成的帮扶机制体系强化工作保障，构建以挂职干部为纽带，聚焦茶叶、水果、青花椒、蚕桑、中药材、水产等产业，进一步优化现有产业结构、进一步引入新兴产业、进一步发展农旅结合新业态、进一步激发生产者劳动热情的帮扶机制，加速推进院科技成果示范转化与平昌农业农村现代化高质高效融合，助推革命老区在建设社会主义现代化新征程中跨越式发展，为巩固拓展脱贫攻坚成果同乡村振兴有效衔接提供源源不断的动力。2021年，为平昌县八庙村和石庙村成功申请到农业农村部科技发展中心授予的“乡村振兴示范村”，为帮扶村的产业发展搭建了更广阔的科技支撑平台。

（2）主动融入成渝地区双城经济圈建设

聚焦成渝现代高效特色农业带建设，不断拓展、深化与成渝地区双城经济圈重点区域，特别是成渝毗邻区的合作，加快同等生态区的特色产业科技服务布局。牵头编写完成的《成渝现代高效特色农业带专项规划》，顺利通过四川省政府常委会、重庆市政府常委会、市委常委会审核。2021年8月25日，联合重庆市农业科学院成功举办成渝地区双城经济圈现代高效特色农业带建设万达开片区科技成果推介会，发布了《成渝地区双城经济圈现代高效特色农业带建设万达开片区科技成果要点》，发布适宜成渝毗邻区推广应用的粮油作物及经济作物新品种、新技术、新（加工）工艺等科技成果100余项，展示特色农产品及加工新产品70余种。积极参与筹备成渝地区双城经济圈农业科技创新联盟第一届第二次理事会暨2021年度学术交流会。这些活动加速了新优科技成果率先在成渝毗邻区的示范推广，有力支撑了四川全国农业全产业链重点链和典型县的“一链三县”建设。

（3）主动融入全省现代农业“10+3”产业体系建设

实施“三个一活动”（即1 000人次专家进村入户、开展100场次以上培训指导活动、示范推广100项以上实用科技成果），助力稳粮保供开新局。评选出104项“川字号”重点应用科技成果，面向全省农业主产区发布推介了《四川省农业科学院百项重点应用科技成果》，分七大片区和 14 个重点区域，组建 21 个乡村振兴服务团，聚焦示范转化重点任务，组织了 1 120 人次科技人员进村入户推广“四新五良”新成果，为产业发展注入科技创新动能，为受援地壮大特色优势产业、为当地培育一批“土专家”“田秀才”。派出 98 名专家参加全省科技下乡万里行活动，涉及 44 个专家服务团、24 个学科领域，覆盖全省“四大片区”；其中，23 人担任服务团首席专家。这些专家团队走村入户，打通农业科技进乡村的“最后一公里”。2021 年春耕时节面向全院科技人员发布《农业科技进村入户“三个一”行动倡议书》，开展了各类现场培训指导活动 193 次、乡村大讲堂线上活动 55 场，培养了“懂农业、爱农村、爱农民”的新型农业技能人才 6 200 余人次。

开展系列宣传推介活动助力成果落地转化见实效。在新都区召开了“2021 年低海拔地区中晚熟甜樱桃（车厘子）现场观摩推介会”，重点推出 5 个新品种，为低海拔地区发展甜樱桃提供了重要支撑。在郫都区召开“四川省现代种业芯片小麦季成就展”，从振兴种业角度，展示了小麦的起源进程，重点推介最新川麦系列新品种川麦 93、川麦 98 等。在西昌市召开“四川省现代种业芯片玉米季成就展”，现场观摩玉米新种质材料 2 000 余份，推介省内重点突破性新品种 10 余个，活动得到中央和省级媒体全面宣传。其中，新华社报道的《地里的玉米熟了，田里的专家笑了》，获得了 117.4 万人次浏览，创我院科技宣传单篇浏览量新高。

（4）聚焦“六稳”“六保”、粮食安全和耕地绿色生产重点领域，巩固提升科技示范转化成效

川康优丝苗、川麦 104、成单 3601、川油 83、羊肚菌 2 号、川绿 11 号黄瓜、特早 213 茶树、蜀萝 11 号等支撑川字号农产品转型升级的品种 312 个，应用“水稻机插秧丰产增效技术”“小麦灭茬免耕条播技术”“丘陵山地夏玉米全程机械化生产技术模式”“油菜全程机械化分段收获技术”等绿色低碳、机械化、智能化生产技术体系以及配套的清洁化、节能高效专用加工技术 63 项，新机制新模式 8 套，“四新五良”科技成果核心推广面积 342 万亩，辐射面积 480 万 hm^2（7 200 万亩），其中，新品种推广应用 5 100 万亩，主要粮油作物新品种覆盖率 45% 以上，科技成果转化率稳定在 80% 以上，新增产值约 42 亿元。

（二十六）四川省畜牧科学研究院

2021年，是中国共产党成立100周年，是“十四五”的开局之年，也是“两个一百年”奋斗目标的交汇之年。这一年，我们坚持以习近平新时代中国特色社会主义思想为指导，立足四川省畜牧生产实际，以科技创新为抓手，推动农业供给侧结构性改革，助力乡村振兴，为打好种业翻身仗、持续擦亮四川农业大省金字招牌提供了强有力的科技支撑。

1. 基本情况

四川省畜牧科学研究院的前身为成立于1936年的四川省家畜保育所，全院设有养猪、家禽、养兔、草食家畜、饲料、生物技术、动物营养、兽医、兽药、畜牧经济与生产系统10个研究所，办公室、人事处、科技处、财务处、后勤中心5个行政管理部门；建有动物遗传育种四川省重点实验室、畜禽生物制品四川省重点实验室、博士后科研工作站等国家及省级创新平台23个；在省畜牧高科技园区、简阳、乐至和双流等地建有10个具有现代化设施设备的科研基地；在全省20个市州规模养殖场建立专家服务站249家；形成了较为完善的科技创新、成果转化及科技服务平台。研究院先后育成了10个国家级畜禽新品种（配套系），研究完成畜禽疫病防控、低蛋白日粮配制、饲用有机微量元素等一批畜禽标准化健康养殖关键技术，通过技术创新研究和成果转化应用，为四川省及西南地区畜牧科技和产业发展作出了重要贡献。

见证七十年 奋进新征程
——四川日报创刊70周年特刊——
四川日报 2022年9月1日 专刊

砥砺奋进八十余载 续写畜牧科技新辉煌
四川省畜牧科学研究院建成国内一流的区域性畜牧科技创新中心和人才培养基地

向畜牧业强省跨越的“科技引擎”

护航脱贫与振兴的“新型智库”

综合科研实力跻身“第一方阵”

2021年9月1日，在四川省委省政府成立70周年之际，《四川日报》T53专刊对我院80余年辉煌历程进行专题宣传报道

2. 科研项目和成果

2021年，全院承担国家、部省等科研项目151项，到位科研经费3 663万元。全年获科技成果奖励6项，其中，四川省科学技术进步奖二等奖1项、三等奖2项，神农中华农业科技奖科学研究类成果三等奖1项，中国产学研合作创新成果二等奖1项、优秀奖1项。获授权专利52件，其中，发明专利12件，实用新

型专利 35 件，国际专利 5 件；软件著作权 6 件；出版著作 3 部；发表论文 149 篇，其中 SCI/EI 收录 57 篇，中文核心 46 篇；2 项省级地方标准发布实施。

2021 年 10 月 16 日，在党的二十大隆重召开之际，四川日报 T04 专刊对四川省畜牧科学研究院过去 10 年脱贫攻坚工作进行专题宣传报道

3. 科研进展

新品种（配套系）培育工作中再次取得突破。历经 12 年攻关，育成我国首个具有自主知识产权的猪父本新品种——川乡黑猪，获国家畜禽新品种证书。参与的地方遗传资源"凉山黑绵羊"通过国家畜禽遗传资源委员会鉴定，农业农村部将其列为青藏高原十大优异畜禽遗传资源之一，被誉为"珍贵稀缺资源"。主持育成省级牧草新品种"川畜 2 号"苦荬菜；持续开展屠宰加工型优质肉鸡、肥羔型山羊、蜀宣花牛、蜀兴 1 号肉兔配套系等畜禽新品种选育；挖掘评价乌金猪、沐川乌骨鸡、峨边花牛、四川白兔等地方特色畜禽遗传资源。

2021 年 10 月 21 日，在党的二十大召开期间，《四川日报》第 10 版专题报道四川省畜牧科学研究院打好畜禽种业翻身仗

开展猪规模化养殖场舍内光照环境调控、舍外环境评估技术研究；肉兔无抗饲养技术研究；发酵菜籽粕膨化处理工艺研究；替抗预混料、有机微量元素等对畜禽生长、免疫性能调控技术研究；以黄连素、银黄等中兽药为主的畜禽疫病防治药物研发；牧场粪污资源化利用和环境监测。研发设计出"仔猪－育肥猪"一体化可移动装配猪舍；地方鸡种保种信息智能化管理与分析系统；集拆卸预警、定位跟踪等功能于一体的牛实时监测智能耳标；生猪效益指数评价软件平台；兔出血症 2 型快速检测方法；肥羔生产关键技术体系；新饲料资源"青花椒叶"在肉兔饲粮中的适宜添加比例；修订农区耕地畜禽承载力参数。畜牧领域基础研究方面，完成稻城县藏猪群体基因组水平的遗传结构分析、家系分布和保种潜力分析及乌金猪群体分化结构解析；挖掘出雄

性生殖发育的重要调控因子。研究大恒肉鸡脂肪酸沉积、骨骼肌生长、卵泡闭锁的遗传学机理；从全基因组角度解析藏鸡高原适应性的遗传机理。分析斜卡黄牛和空山黄牛的全基因组遗传多样性。筛选出与肉兔脂代谢相关的基因。

4. 科研平台和成果转化

继续推进种猪性能测定中心、肉牛和牧草育种创新基地建设；落实动物生物安全防控技术研发中心、兽用天然药物研发与 GCP 试验动物中心、国家级饲料评价中心（简称“三中心”）建设项目。养兔育种科研基地达到国家畜禽遗传资源保种场条件，通过现场审定，获得国家四川白兔保种场建设单位资格。优质肉鸡、生猪育种科研基地完善粪污处理等配套设施设备。动物遗传育种四川省重点实验室完善安全配套设施。各基地落实重大动物疫情防控措施，保障生物安全。以科技服务、科技咨询形式转化推广科技成果 18 项；示范推广父母代种鸡 26.3 万套，种猪、种兔和种羊 1 万余头（只），蜀宣花牛 1.2 万余头、冻精 8.8 万余剂；推广优质牧草 2 万余亩。

5. 乡村振兴

全院致力于用畜牧科技支撑产业发展，助力乡村振兴。选派 1 人到新龙县麻日乡德巴村任驻村第一书记；16 人入选“科技下乡万里行”专家服务团（7 人为首席专家），到自贡、泸州、攀枝花、凉山等 10 个市州开展产业技术帮扶；26 人作为“三区”科技人员，到甘孜、广元、巴中、达州等 8 个市州的 24 个县开展技术帮扶。全院科技人员示范推广畜禽新品种、新技术，开展各类技术培训 100 余次，受训人数达 3 000 余人次，发放资料 3 000 余册，累计通过电话、网络平台咨询等方式指导 2 000 余人次。选派科技人员参加完成重大动物疫病防控和恢复生猪生产工作调研、“1+5”督导调研、环保督察问题整改检查、国家级标准化示范场验收、乡村振兴战略实绩考核等工作。全国人大代表、四川省决策咨询委员会委员、院长、党委书记蒋小松同志向全国人大提交《关于建立基本养殖用地保障制度的建议》等共 11 个建议；主持完成《关于加快推进四川现代种业创新发展的建议》调研报告，得到包括省委、省政府主要领导在内的省领导 7 件肯定性批示；继 2017 年后，再次创造四川省决策咨询委员会农业组一次报告获得包括省委、省政府主要领导在内肯定性批示数量的历史纪录。

（二十七）贵州省农业科学院

1. 机构发展情况

贵州省农业科学院有 18 个专业研究所，涵盖粮、油、果、蔬等 50 余个专业领域。全院现有职工 2 794 人，其中在职职工 1 561 人，研究员 158 人，副研究员 322 人，博士 130 人；享受国务院和省政府特殊津贴专家 61 人，省“十层次”创新型人才 2 人，省“百层次”创新型人才 9 人；二级研究员 15 人，核心专家 3 人，省管专家 20 人；贵州省最高科学技术奖励 2 人，国家级突出贡献的中青年专家 1 人，贵州杰出人才奖 1 人。全院有国家级专家服务基地 1 个，省级人才基地 7 个，省继续教育基地 1 个，博士后科研工作站 1 个。已建成 17 个省级农业工程技术研究中心、5 个农业农村部重点学科群科学观测实验站、2 个省级重点实验室，拥有 27 个国家现代农业产业技术体系综合试验站和 1 个岗位科学家，国家种质改良分中心 2 个，是 12 个省级现代农业产业体系首席专家依托单位。在海南三亚和贵州兴义、花溪、独山等地建有科研试验和成果转化示范基地。

2. 科研活动及成效

（1）科研项目和成果

2021 年全院获批科研项目 136 项，经费共计 9 920.80 万元；9 项成果获科学技术奖励，发表论文共 591 篇；审（认）定农作物新品种 60 个；知识产权授权（登记）130 件，其中，植物新品种权 6 件、发明专利 50 件、发布标准（规程）37 项；编著出版《贵州林下生态种养模式与技术》等专著丛书共 21 部（册）。

（2）科研条件与平台建设

一是贵州省省级农药风险监测中心（含田间监测点）项目正在建设中。二是成立了“中国—新西兰猕猴桃‘一带一路’联合实验室贵州中心”。三是在我院原有 24 个国家现代农业产业技术体系综合试验站的基础上新增食用菌、猕猴桃、香蕉国家级产业技术体系综合试验站。四是增加辣椒、食用菌、肉羊 3 个省现代农业产业技术体系建设项目。

（3）科研进展

2021 年，推广作物自育新品种及新技术 394.42 万亩；建设自育品种“黔茶 1 号”“黔茶 8 号”种苗繁育示范基地；在兴义水稻超高产试验示范基地，全面采取杂交水稻“5・5”超高产精确栽培技术、水稻钵苗机插超高产栽培技术，实现了水稻产量的大面积提升，实

贵州兴义水稻超高产试验田

现 1 123.87 kg 的水稻最高单产；肉羊学科以贵州黑山羊纯种繁育技术模式集成为技术依托，使贵州黑山羊群体繁殖力从 180% 提高到 220%；在国际上首次发现干果斑螟卵对多种小花蝽的饲养效果显著优于麦蛾卵、米蛾卵以及西花蓟马等常规食物，小花蝽的繁育成本缩减 2/3 左右；首次报道贵州茶树新发茶树吸汁害虫贡山喙蓟马，首次提供该害虫的分子数据特征；樱桃番茄自交系取得突破，筛选出高氨基酸含量、香气浓郁、不空腔的粉果材料；开展了红托竹荪液体菌种三级种繁育工艺集成创新与中试，实现了一级液体种 18 天，二级液体种 15 天，三级液体种 13 天完成制种。

（4）人才学科发展

2021 年，在原有人才基础上，新晋升研究员 22 人，副研究员、中级、初级职称 124 人。通过绿色通道引进高层次人才 24 人；完成了 5 位国家级专家的柔性引进工作；1 名专家获得首届贵州省杰出人才奖、3 人获得省管专家称号，3 人获得全省脱贫攻坚先进个人，2 个集体获得全省脱贫攻坚先进集体。

（5）对外合作交流

我院与习水县人民政府和帮扶习水县的广东省珠海市金湾区人民政府签订了促进农业产业高质量发展的三方合作框架协议。与修文县人民政府、开阳县人民政府、贵州磷化（集团）有限责任公司、中国农业发展银行贵州省分行等签订战略合作框架协议。协办 2021 年生态文明贵阳国际论坛的“智慧助力农业创新　绿色引领产业未来”主题论坛；选派 4 名科技人员为商务部主办的“老挝科技人才培训计划研修班”授课。

（6）科技扶贫和科技成果转化推广

一是开展“双十”“双百”行动，2021 年度整合全院 150 多名高层次人才组建以院党政班子成员领衔的 10 个专家团队，服务全省优质粮油和十二大特色农业产业，选派 123 名博士科技服务 107 个示范村，开展“百名博士服务乡村振兴，百村示范带动产业发展”工程。二是选派科技特派员，2021 年度全院共选派科技特派员 355 名，全省范围内覆盖 64 个县（区）413个乡镇1 907个村。2021年我院共开展调研8 594次，技术咨询1.4万余次，技术培训1 494次，培训人员5.6万余人次，发放培训资料27 061份。示范推广水产养殖优质苗种8.9万余尾，示范推广家畜养殖优质品种3 708只，示范推广涉及农户14 687户。固定帮助企业、合作社785个，固定帮助农户发展产业867个，领办、创办企业或合作社1个。

“黔麦22号”田间

油菜“黔油早2号”浅耕分厢定量直播苗期

二是成果转化与科技服务快速发展。2021年度成果转移转化共130项，成果转化收入2 150.38万元。其中，技术服务116项，合同金额1 600.88万元；以转让方式转化科技成果5项，合同金额405万元；以许可方式转化科技成果3项，合同金额144.5万元。金农公司作为我院重要成果转化平台，实现销售额超2 500万元。

（二十八）云南省农业科学院

1. 机构发展情况

云南省农业科学院是云南省人民政府直属的综合型公益一类农业科研机构。院下设粮食作物、农业环境资源、园艺作物、经济作物、生物技术与种质资源、农业经济与信息、花卉、质量标准与检测技术、药用植物、农产品加工、国际农业、茶叶、甘蔗、热带亚热带经济作物、高山经济植物、热区生态农业、蚕桑蜜蜂 17 个研究所。

2. 科研活动及成效

（1）科技创新

围绕云南省打造世界一流“绿色食品品牌”，推动云南农业农村绿色发展、高原特色农业科技需求，全年获批国家自然科学基金、中央引导专项、省重大科技计划等各类科研项目 279 余项，新增科技专项合同经费 4.86 亿元；在研科研项目 437 项，到位科技经费 3.05 亿元；获省部级科技成果奖 12 项，其中，特等奖 1 项、一等奖 2 项、二等奖 4 项、三等奖 4 项，合作奖 1 项；审（认）定、登记农作物新品种 59 个，获专利、软件著作权及植物新品种权 288 件（项）；制定（获颁布实施）标准 44 项；发表各类科技论文 587 篇，其中 SCI、EI 等论文 127 篇；出版专著和技术手册 56 部（册）；在第三次全国农作物种质资源普查与收集行动中，收集保存并推荐的“维西糯山药”入选全国十大优异农作物种质资源。

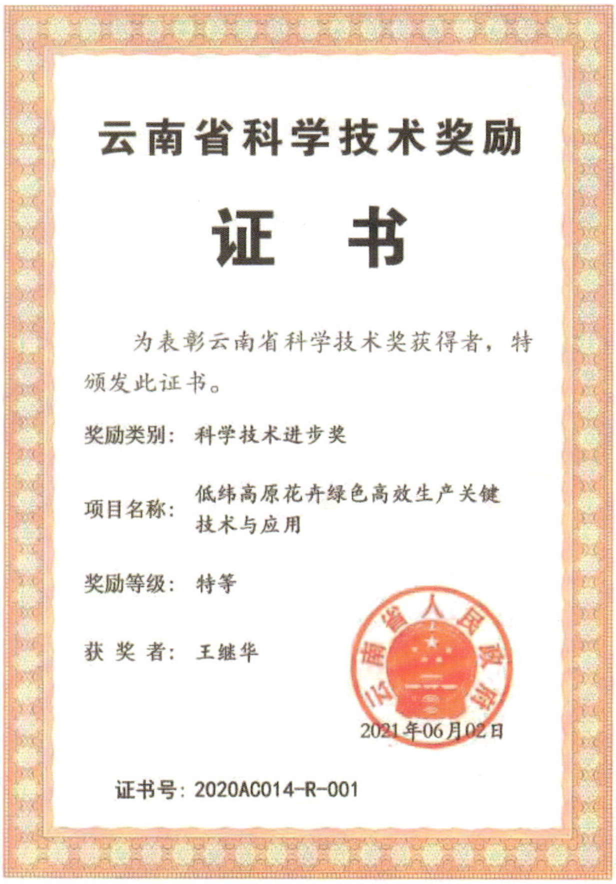

云南省科学技术奖励

证　书

为表彰云南省科学技术奖获得者，特颁发此证书。

奖励类别：科学技术进步奖

项目名称：低纬高原花卉绿色高效生产关键技术与应用

奖励等级：特等

获 奖 者：王继华

云南省人民政府

2021年06月02日

证书号：2020AC014-R-001

云南省科学技术进步奖特等奖

（2）成果转化

2021 年完成科技成果示范应用 3 878.87 万亩。以示范县和特色县为重点，打造了 50 个科技成果示范典型，建设乡村振兴示范点 69 个，依托 11 个科技特派团、23 个乡村振兴

维西糯山药

云薯 108

产业技术专家组、136 名科技特派员、254 名“三区”人才，面向全省开展针对性、关键性科技成果示范及技术服务工作，培训农业科技骨干 16 324 人次。

花卉产业构建了“低纬高原花卉优质高效栽培模式”，亩产量提高 2～4 倍，每亩节约化肥成本超 2 600 元；自主品种“云薯 108”+“大春马铃薯晚熟增产关键技术”在巧家县马铃薯极量攻关示范中亩产 6 479.75 kg，连续 3 年打破云南马铃薯高产纪录。甘蔗产业自育甘蔗新品种云蔗 08-1609、云蔗 05-51 及绿色技术的大面积应用，助力云南成为全国食糖制造成本最低的蔗区。在蚕蜂饲养方面，叶用新桑品种“云桑 5 号”配套桑树绿色生态防控技术、蚕病药物防控技术等，提高了桑叶、蚕茧的产量和质量，带动全省 53 万亩桑园提质增效，新增产值 4.9 亿元。

（3）人才培养

截至 2021 年底，有在职职工 1 653 人，其中，专业技术人员 1 350 人，具有高级职称人员 705 人（正高 302 人、副高 403 人）；有博士 148 人、硕士 637 人；国家级各类人才 8 人；享受国家有突出贡献中青年专家、国务院政府特殊津贴专家 31 人，全国和省部级劳模 31 人，享受省有突出贡献中青年专家、省政府专项津贴专家 62 人；省“兴滇人才”奖 1 人，省“科技领军人才”和“云岭学者”共 7 人，“产业技术领军人才”32 人，“青年拔尖人才”16 人、青年人才 2 人，首席技师 1 人，省级中青年学术技术带头人和技术创新人才（含后备人才）165 人，省委联系专家 25 人，科技特派员 518 人。新增 3 名国家产业技术体系综合试验站站长，现有 10 位岗位科学家，25 位综合试验站站长；68 名专家担任省农业产业技术体系首席科学家、岗位专家和试验站站长，其中，首席科学家 9 名。

（4）科研平台建设

科研基础条件水平不断提升，目前科研用房面积达 18 万 m^2，科研实验仪器设备 5 435

台（套），建设了昆明嵩明和宝峰、玉溪九溪、红河开远、丽江美自等不同海拔、不同气候类型、不同功能的 9 600 亩自有科研试验基地，新增获批省部级科研平台 6 个，其中，重点实验室 1 个，省野外科学观测站 2 个，并有“高原特色作物种质资源中期库”等 4 个专项被纳入省“十四五”现代种业提升工程，13 个省级种质资源圃（库）正式授牌，收集保存重要作物资源 5.5 万份。

（5）国际合作

主动服务国家外交方针政策，积极参与 COP15 会议的筹备和举办，发挥区位优势和专家人才优势，主动服务融入国家“一带一路”倡议，支撑高原特色现代农业发展。与 40 多个国家、近 20 个国际组织建立了紧密合作关系，倡导成立了 10 多个跨境农业科技交流合作平台，形成了 10 个国家（省）级引智成果示范推广基地。持续推进面向南亚东南亚科技辐射中心建设，探索“云端交流”国际合作交流新模式，新增获批建设国际科技合作平台 3 个，首批“智汇云南”发展中国家杰出青年科学家获批 8 人。院牵头成立的“中国－南亚农业科技交流合作组”以及包括 13 个国家、37 家企业（单位）的“南亚东南亚农业科技走出去创新联盟”，在农业科技走出去特别是重大病虫害监测防控上发挥了重要作用，并先后为我国引进了种质资源 6 200 份。

（6）脱贫攻坚和乡村振兴进展

按照中共中央和国务院决策部署及省委省政府的工作安排，我院不断强化脱贫攻坚农业产业发展科技支撑，组建了包括农业产业布局规划、粮经作产业、绿色农业发展、农业环境保护、农产品检测及深加工与副产物综合利用等在内的 23 个产业服务组，共 550 名科技人员，建设核心示范区、乡村振兴示范点 270 个。全力支持富民县全国农业科技现代化先行县共建工作，组建领导小组及专家服务团，制定技术支撑方案，深入开展共建工作。助推腾冲中寨农旅融合发展，在中寨水稻区打造的 40 亩彩色稻景观，在中央电视台《新闻联播》中播出，成为网红打卡点，推动农旅融合。继续做好在景谷县的定点帮扶工作，选派 10 名优秀年轻干部担任驻村第一书记和工作队员，在景谷县推广良种良法，为挂包村农产品交易市场建设、茶叶机械化加工等提供资金和设备支持。帮扶工作考核结果连续 6 年获第一等次“好”，1 人获全国脱贫攻坚先进个人表彰，2 人获云南省脱贫攻坚先进个人表彰。

（二十九）云南省畜牧兽医科学院

1. 机构发展情况

云南省畜牧兽医科学院创建于 1959 年，是云南省专门从事畜牧兽医应用和基础应用研究的公益类农业科研机构，隶属于云南省农业农村厅。云南省畜牧兽医科学院以“立足云南、服务全国、面向东南亚、走向世界”为发展宗旨，针对国家和云南畜牧业发展中存在的科学问题和产业需求，开展与畜牧业发展和动物疫病防控相关的研究，进行技术创新、技术集成、试验示范，同时开展科技服务，承担国际合作和人才培养等任务。

2. 科研活动及成效

2021 年共承担国家、省部级和国际合作项目 42 项，主要包括国家现代农业产业技术体系项目 3 项、国家自然科学基金项目 7 项、省基础研究计划重点项目 2 项、省重大科技专项计划项目 1 项、省重点研发计划项目 1 项、中央引导地方科技项目 1 项、省院士专家工作站项目 2 项、国际合作项目 5 项。内容涉及畜禽新品种（系）培育、种质资源创新及应用、动物营养研究、动物疫病研究和畜禽养殖废弃物资源化利用等。

重要研究进展。畜禽种质资源保存与利用方面，一是完成云上黑山羊 70K 芯片实验及产羔性状 GWAS 分析、两个潜在关联位点上下 1Mb 区域单倍型构建及单倍型与产羔性状的关联分析、母羊 60 个样本的重测序实验和 40 个样本的选择信号初步分析，为云上黑山羊高繁品系的选育提供新的分子标记；完成云上黑山羊早期体重性状影响因素分析和“云上黑山羊基因身份证开发”；获得作为纯种云上黑山羊基因标识鉴定的 26 个 SNP 位点，通过 Mass Array 分子检测平台成功设计了位点检测 Panel。二是开展马关无角山羊种质资源抢救性保护，对 36 只马关无角山羊

“云上黑山羊”成年母羊群

回收 241 枚胚胎并冷冻保存；开展圭山奶山羊种源快速扩繁，在昆明市宜良县对 30 只圭山奶山羊新品种母羊进行超数排卵、对 220 只受体羊进行同期发情处理和胚胎移植。三是完成包括迪庆藏猪在内 92 个样品的全基因组重测序数据分析，确定迪庆藏猪与其他地区藏猪及中国地方猪种的群体遗传结构关系。四是完成玻璃化冷冻猪未成熟卵母细胞体外成熟后 microRNA 测序工作，获得 92 个差异 microRNA，明确玻璃化冷冻导致卵母细胞早期胚胎发育质量下降的 mRNA 机制；开展玻璃化冷冻猪未成熟卵母细胞体外成熟后颗粒细胞和成熟卵母细胞代谢组测序工作，明确玻璃化冷冻导致卵母细胞体外成熟代谢异常机制。

畜禽新品种（系）选育及其健康养殖配套技术示范方面，一是选育龙陵黄山羊核心群 3 208 只，波尔山羊黄色品系群 450 只，以龙陵黄山羊为母本的黄山羊新品种培育群 2 305 只，其中杂交二代 669 只；建立养殖模式 3 个，形成示范基地 29 个，建立了优质牧草种植核心示范区 402 亩；提出山羊“舍饲”“放牧 + 舍饲”饲养模式下饲草补给关键技术 2 套；提出青贮玉米与绿肥间作、与紫花苜蓿套作、与燕麦或黑麦轮作共 4 套高产栽培技术。二是建立肉用山羊生产核心场 5 个、示范场 8 个，示范规模达到 11 436 只，示范带动 40 300 只，技术辐射覆盖 50.92 万只；示范场羔羊口疮发病率降低 47%，羔羊死亡率降低 19%；家庭牧场生产整体效率提高 46%，单只母羊年获得断奶羔羊数提高 31%。三是完成建水黄褐鸭的保种群组建及部分特征测定工作、建水黄褐鸭全基因组测序和转录组 RNA 测序及建水黄褐鸭蛋鸭新品系 2 000 羽种鸭群的扩繁饲养。

国家乡村振兴重点帮扶县红河县云品稻鸭养殖推广

在动物营养研究方面，一是开展了日粮钙水平对云南半细毛羊乳成分和哺乳期养分消化率的影响研究、日粮蛋白质水平对云南半细毛羊空怀母羊能量代谢和妊娠期氮平衡及养分排放的影响研究；完成了生长期云南半细毛羊钙、磷需要量试验和屠宰试验。二是完成 12 种特色饲料资源常规营养成分分析，筛选并鉴定出地方猪专用益生菌若干株，其中 3 株菌已申请专利；

完成建水黄褐鸭保种场饲料分析报告，为下一步制定鸭专用饲料提供基础分析数据。

在口蹄疫研究方面，一是在云南省边境地区采集并检测口蹄疫病毒核酸检测牛 OP 液样品 1 522 头份，检出牛口蹄疫病毒核酸阳性样品 4 头份，经 VP1 基因序列测序为 O 型 Ind-2001e 毒株 3 株和 Cathy 毒株 1 株；采集并进行口蹄疫病毒 O 型、A 型和非结构蛋白抗体检测牛血清样品 1 522 头份和猪血清样品 710 头份，结果表明牛、猪血清抗体阳性率偏低；检测省内猪组织病料 42 头份，鉴定出 O 型口蹄疫病毒 Mya-98 毒株 2 株；提交农业农村部相关报告 2 份，为我国制定口蹄疫防控战略提供科学依据。二是对 YNTBa 株感染牛源宿主细胞开展转录组测序，制备单克隆抗体 3 批次，培养项目组单抗制备技术。三是完成口蹄疫、猪瘟、猪蓝耳病、猪伪狂犬、猪细小病毒、猪乙型脑炎标准阳性血清的制备，为口蹄疫诊断检测试剂盒开发和申报新兽药生产批准文号奠定基础。

在动物虫媒病及其媒介传播疫病研究方面，一是在勐腊、澜沧等 8 个县采集蠓虫 64 783 只，白纹伊蚊 1 500 只。完成省内 9 市 16 县 148 631 只库蠓的形态学初步鉴定，完成 30 种库蠓压片、分子系统鉴定和图片采集，获得库蠓鉴定分子标靶序列 600 多条，获得样品采集地不同环境库蠓种群结构和地理分布数据；完成 5 个县市采集的库蠓和蚊虫样品病毒分离鉴定，获得 80 株病毒。二是完成 3 种虫媒病毒共 5 株新分病毒全基因序列测定及部分病毒序列分析，从分子水平明确了这 5 株新分离病毒的分类地位。三是通过重配蓝舌病毒和新分离虫媒病毒生物学特性研究，开展了新血清型 BTV 的病毒拯救试验，初步完成了对蓝舌病病毒感染的绵羊体细胞的全转录测序数据分析。四是研究建立了中山病病毒核酸检测的实时荧光定量 RT-PCR（qRT-PCR）和常规 RT-PCR 检测方法，为中山病病毒的早期快速诊断、病原学检测和实验研究等提供了技术支撑。建立了西藏环状病毒、版纳病毒和芒市病毒的快速一步法 RT-LAMP 可视化诊断检测方法，并组装其一步法 RT-LAMP 可视化检测试剂盒。建立 OYAV Real-Time RT-PCR 检测方法，完成 717 份血清样品 OYAV 核酸筛查。

畜禽养殖废弃物资源化利用研究方面，一是开展不同品种猪营养代谢情况及重金属代谢情况研究，通过对撒坝、杜撒、约克、杜洛克等品种的保育猪、怀孕母猪、哺乳母猪、后备母猪、公猪等阶段的猪进行原位定点监测和代谢粪便黑水虻过腹处理，揭示了猪从饲料到粪污再到水虻处理后主要营养物质的代谢及重金属的迁移情况，为畜禽粪污的资源化、肥料化利用提供数据支撑。二是开展了“建水黄褐鸭饲料中添加黑水虻幼虫粉对蛋鸭蛋品质及血液生理生化指标的影响”研究，在建水黄褐鸭日粮中添加黑水虻幼虫粉对蛋鸭生产性能、产蛋率、孵化率、免疫指标影响试验，结果表明黑水虻幼虫对提高蛋鸭产蛋率、孵化率、免疫力等方面效果显著，以添加 8% 水虻幼虫粉效果最优，为黑水虻幼虫作为蛋白原料添加到建水黄褐鸭饲料中提供了数据支撑，为推进黑水虻幼虫的饲料化夯实了基础。

科研条件。建有国家口蹄疫专业实验室（昆明）、云南国家外来动物疫病诊断实验室、农业农村部动物疫病病原生物学西南科学观测试验站、云南省热带亚热带动物病毒病重点实验室、云南省面向南亚东南亚跨境动物疫病防控技术研发合作基地、云南省种猪性能测定站、云南省种猪质量检验测试中心、云南省肉羊工程技术研究中心、云南省畜禽遗传资源保护和种质创新工程实验室 9 个科研平台。正在开展云南省畜禽遗传资源基因库的建设。

科技成果。发表论文 140 篇，其中 SCI 收录论文 21 篇、北大核心期刊论文或高质量论文 55 篇；编写出版专著（译著）7 部；授权发明专利 7 项、授权实用新型专利 7 项，获得软件著作权 21 项、授权商标 7 项；制定地方标准 2 项。

学科发展。围绕动物遗传育种、动物营养、疫病防控，畜禽废弃物资源化利用等学科，系统开展畜禽新品种（系）培育、动物营养需要与饲养标准研究、标准化养殖技术研究、动物疫病流行病学调查与诊断方法研究、兽用生物制品开发与应用、畜禽养殖废弃物处理及利用等研究与推广示范。力争到“十四五”末，使畜禽遗传育种、媒介及相关病毒研究达到国内领先、国际一流水平。

对外合作交流。多年来与中国科学院、中国农业科学院、清华大学、中国农业大学、四川农业大学、云南农业大学、联合国粮农组织（FAO）、世界动物卫生组织（OIE）、大湄公河次区域国家、澳大利亚、英国、南非等国内外科研机构、高校和国际组织建立了广泛的项目合作和人才培养关系。“十三五”以来累计培养越南、老挝、缅甸等大湄公河次区域国家兽医技术人员 115 名。

乡村振兴和科技成果转化推广。着力推广“云上黑山羊”等自主培育新品种，截至目前，已推广“云上黑山羊”种羊 15 000 余只，辐射至全省 16 个州（市）的 106 个县和省外的广西、四川、上海、海南等 19 个省区市，产生直接和间接经济效益 2 亿多元。在全省范围内开展畜禽良种选育、动物疫病净化、畜禽粪污资源化利用等各类科技服务 300 余次，开展科技培训 20 余次，培训基层农技人员、养殖户 2 000 多人次，发放技术手册 2 000 多册。签订技术转让、技术服务合同 10 份。

（三十）西藏自治区农牧科学院

1. 机构发展情况

西藏自治区农牧科学院是西藏自治区政府直属的综合性科研事业单位，其前身为 1952 年建立的拉萨农业试验场。全院现有 8 个研究所，在职 523 人，其中，科技人员 372 名，现有高级职称研究人员 144 人；享受国务院政府特殊津贴专家 5 人，国家百千万人才工程人选 2 人，自治区学术技术带头人 3 人；拥有国家重点领域创新团队 1 个，全国农业杰出人才创新团队 2 个。建有 1 个省部共建国家重点实验室，4 个省部级实验室和 2 个工程中心，6 个观测与监测试验站，5 个国家产业技术体系岗位和 14 个综合试验站，在西藏自治区及云南省建有 12 个区域性试验示范基地。设立有中国农业科学院研究生院西藏分院、1 个博士后工作站、西藏农口院士专家协同创新中心。

2. 科研活动及成效

（1）高原农业科技创新持续深化再上台阶

粮油作物科技创新方面，搜集粮油作物种质资源 314 份，繁殖更新种质资源 2 625 份，精准鉴定种质资源品质性状 120 份，繁殖更新与表型性状鉴定区内特色资源 131 份，补录西藏农作物种质资源信息 120 份；培育出高产青稞、油菜、冬小麦等新品系 5 个。畜禽科技创新方面，通过国家畜禽遗传资源委员会审定新品种 1 个、牵头和参与鉴定遗传资源 7 个；首次分离获得高纯度的牦牛骨骼肌卫星细胞，完成牦牛瘤胃微生物群落结构与功能研究并建立数据库；在墨脱县发现 1 种中国新记录种喜马拉雅鳞无刺蜂。果蔬花卉科技创新方面，收集果蔬花卉、藏药材等种质资源 912 份；引进果蔬新品种 75 个，筛选出适宜品种 34 个；首次在阿里地区成功种植白

审定的畜禽新品种——藏西北白绒山羊

鉴定的畜禽遗传资源——查吾拉牦牛

肉灵芝，实现白肉灵芝种植覆盖西藏全区。农产品质量安全检测方面，完成农业农村部产品质量监督检验测试中心（拉萨）年度任务，全年共接收委托检测土壤、水、农畜产品等各类样品 1 700 余份，完成检测参数 10 万余个。农业资源与环境科技创新方面，研制禽类便发酵设备 1 种，筛选微生物复合菌剂 2 种，研发青稞专用生物有机肥 2 种；研发西藏农区秸秆还田利用技术 1 套；建成了西藏地力监测点位土壤样品库。牧草种子资源收集和育种成果丰硕，收集野生牧草资源 400 份，制作野生牧草标本 280 份；鉴定野生牧草种质资源 31 份；引进 25 个并完成适应性评价；研发秸秆饲料产品 8 种并示范生产 5 058 t。水产科学研究方面，保存巨须裂腹鱼和西藏裂腹鱼种质资源亲本 1 000 余尾；挖掘了黑斑原鮡海拔适应性相关基因；国家二级水生保护动物黑斑原鮡人工繁育技术取得突破，首次获得 1 龄鱼苗 4 700 余尾、2 龄鱼苗近 2 000 尾。特色农产品加工技术方面，形成 9 套加工技术，研制加工关键装备 1 台、新配方 1 个；制定 5 项企业标准；开发 35 种产品，其中企业转化 5 个；完善青稞精酿啤酒等试生产线 3 条；研制青稞大曲 5 种，取得“雪之极”“四千极”第 33、第 35 类商标注册证。

2021 年获立各级各类科技项目（课题）150 项，总经费 18 424.58 万元。荣获神农中华农业科技奖 2 项、2020 年度自治区科学技术奖励 4 项。审定畜禽新品种 1 个，牵头和参与畜禽遗传资源鉴定 7 个，发现新物种 1 个。全年发布地方标准 7 项，授权专利和软件著作权 133 项（其中国家发明专利 41 项）。出版书籍 3 部，发表论文 219 篇。

（2）全力以赴推进科技成果转移转化效果明显

在白朗县建立青稞新品系“13-5171-7”核心种子示范田 7 000 亩，推广辐射面积 3 万亩，繁育原良种 1 750 t。示范推广小麦、油菜新品种（系）8 630 亩。全区范围内建立了一批牦牛遗传育种与高效健康养殖科技示范基地，推广了犊牛全程培育、母牛高效健康养殖、育成牛适时出栏与短期育肥技术，累计示范头数 1.2 万头，母牦牛繁殖率同比提高 5% 以上，周岁犊牛增重率比传统提高 35% 以上，生长期和育肥期牦牛日增重分别达到 680.05 g 和 586.31 g。支持贫困户应用岗巴羊本品种选育与高效养殖技术、组建能繁母羊并生产良种后代，人均增收 2 365 元。建立果蔬、藏药材栽培技术集成及病虫害绿色防控示范基地

1 911 亩。人工繁殖、增殖放流西藏土著鱼类鱼苗 346.2 万尾。农产品技术企业转化 5 项。

（3）面向农牧业一线强化科技支撑服务成效显著

2021 年，全院共选派科技人员 245 人，深入 7 市（地）的 49 个县（区），开展科技培训工作，解决技术难题 80 余个，集成示范各类新技术新模式 40 余项，推广农牧业种养殖装备 20 余台。开展“我为群众办实事”实践活动全年为群众办实事 500 余件、惠及群众 4 万人次，投入种子、肥料、苗木、农药、兽药、饲料、农机等折合资金约 400 万元。

（4）科学应对疫情影响科技交流合作持续深化

我院深入贯彻落实全国农业科技援藏座谈会精神，科学应对疫情，持续深化与全国兄弟省（市）农业科研院所、农业院校的科技合作交流，2021 年赴我院调研指导的院士、专家共 66 人（次），我院赴区内外调研交流及举办研讨会 37 次，签订科技交流合作协议 3 项。我院承担实施的我国援助尼泊尔北部山区农业技术合作项目持续推进。

（三十一）西北农林科技大学

1. 机构发展情况

为加强西北农林科技大学“乡村学”交叉学科建设和人才培养，创新管理体制和工作机制，更好地服务国家和地方乡村振兴战略需求，于 2021 年 12 月 6 日成立了乡村振兴学院。

2. 科研活动及成效

（1）科研项目

2021 年度共获批科研项目 1 194 项，到位经费 7.389 亿元。

（2）重要研究进展

一是在小麦广谱抗条锈病新机制、小麦抗旱基因挖掘及其分子调控机理等研究方面取得新突破，为小麦条锈病有效治理和抗旱新品种培育提供了新理论基础。二是培育审定粮农作物新品种 32 个，其中国审品种 6 个（小麦 3 个、玉米 3 个），省审品种 26 个，培育的小麦品种在全国累计推广面积超过 3 000 万亩，玉米品种在全国累计推广面积超 300 万亩。三是培育的苹果新优品种，在全国新增推广面积近 10 万亩，促进我国苹果品种更新换代；新培育猕猴桃新优品种 2 个，促进陕西猕猴桃品种更新换代；在牛羊生物技术育种、杂交改良、高效繁殖、健康高效养殖技术研究方面取得新进展，为西部优势特色畜牧产业高质量发展提供科技支撑。四是支撑旱区生态治理成效突出，揭示退耕还林（草）背景下的土壤侵蚀规

优质强筋抗病小麦新品种“西农 509”“西农 529”的选育和推广

陕北白绒山羊种质创新与高效健康养殖

适合全程机械化生产的国审玉米新优品种“陕单 650”

律，创建沟壑整治方法体系；构建退耕还林（草）工程固碳效益评估方法，研发新一代陆地生态系统碳循环模型，纳入联合国《土地退化与恢复评估报告》及我国《退耕还林工程生态效益监测国家报告》。五是围绕耕地质量提升与旱作农业开展了深入研究，首次深入揭示了水溶性有机物生物降解性及其温度敏感性的作用机制，为黄土高原土壤有机质的稳定维持途径提供了理论依据。六是“黄土高原旱作果园雨水集蓄根域补灌技术”等 3 项成果入选农业农村部农业主推技术，“大跨度多重覆盖节能塑料大棚”入选中国农业农村重大新装备。

（3）科研基地

2021 年度共申报农业农村部学科群重点实验室及国际农业联合研究中心、陕西省重点实验室、陕西省国际合作基地等省部级平台 32 个，获批 13 个。其中，陕西神木侵蚀与环境国家野外科学观测研究站获批为国家级野外台站。

（4）科技成果

2021 年度共获陕西省科学技术奖一等奖 3 项、二等奖 5 项，获神农中华农业科技奖优秀创新团队奖 1 项，获梁希林业科学技术奖二等奖 1 项，获陕西高等学校人文社会科学研究优秀成果奖 20 项，获陕西省第十五次哲学社会科学优秀成果奖 9 项，获陕西省农业科技推广成果奖 14 项；全年审定、登记农林新品种 41 个，其中国家审定农作物新品种 6 个（小麦 3 个、玉米 3 个），省级审定农作物新品种 26 个（小麦 11 个、玉米 15 个）。

（5）学科发展

成立了学科专业建设领导小组和新一届学术委员会学科建设专门委员会；组织完成制定学校高质量期刊指导目录及管理办法；紧扣世界一流农业大学和两个一流学科建设目标，做好新一轮“双一流”学科群建设预研工作；积极开展学科国内外对标分析研究，为学校“十四五”规划和新一轮“双一流”建设方案编制提供依据；改革学科经费配置机制，取消 ESI 相关指标，强化质量绩效指标，探索建立仪器设备配比与托管机制，加强对基础学科、交叉学科、博士点培育的支持；组织完成国家林业和草原局重点学科第二批验收及第三批申报工作；做好第五轮学科评估相关工作。

（6）对外合作交流

上合国际联合实验室正式成立，构建组成 12 个研究方向的多国别多学科研究队伍；联合 8 个国家的 18 所涉农高校成立“上合组织成员国农学高校联盟”，建成上合组织大学现代农业方向组织框架；牵头组建的“丝绸之路”农业教育科技联盟新吸纳了 5 家新成员，参加单位已有 18 个国家的 95 个单位。白俄罗斯巴拉诺维奇国立大学孔子课堂成立运行，选派 1 名中方院长和 2 名汉语教师开展工作，学生人数达 100 余人；获批国家留学基金委创新型人才国际合作培养项目 3 项、乡村振兴人才培养专项 1 项，每年新增 24 个国家公派留学名额；获批国家级“111 基地”1 个（家畜抗病生物工程育种学科创新引智基地），获批陕西省“111 基地”2 个；获批教育部中俄人文交流项目、科技部外国专家项目、国家自然科学基金国际合作项目、陕西国际科技合作项目、陕西省科协国际合作项目等国际科技合作项目。

（7）服务乡村振兴

持续推进“三团一队”智力帮扶模式，遴选 92 名硕博士研究生，分赴合阳、镇巴和西安，助力地方巩固脱贫攻坚成果与乡村振兴。学校作为对口技术单位，支撑合阳、大荔、印台 3 个全国农业科技现代化先行县创建工作。新建延安河庄坪“乡村振兴示范镇”；与农业农村部科技发展中心共建咸阳市旬邑县土桥镇镇头村“乡村振兴示范村”。阎良区关山镇北冯村等 6 个示范村相继荣获全国“一村一品”示范村、“省级美丽宜居示范村”等殊荣。获批教育部第一批直属高校服务乡村振兴创新试验培育项目 2 项。

（8）科技成果转化

开展学校存量专利筛选工作，委托专业机构筛选出学校有效专利 1 397 项进行分类评价，形成 106 项重点推介转化成果。以市场需求为导向，校－地－企合作共建百欧派宠物干细胞研究院、大禹产业研究院等 4 个研发转化平台，促进科技成果产业化。签订科技成果转化合同 30 项，合同金额 2 030.6 万元，其中“秦脆”苹果新品种苗木生产经营权许可费 1 200 万元，“陕单 650”玉米新品种以 200 万元加种子销售提成方式转让。

（三十二）甘肃省农业科学院

1. 机构发展情况

甘肃省农业科学院始建于 1938 年，是甘肃省政府直属的综合性农业科研事业单位，实行省财政一级预算和院（所）长负责制。现设作物研究所、马铃薯研究所、小麦研究所、旱地农业研究所、生物技术研究所、土壤肥料与节水农业研究所、蔬菜研究所、林果花卉研究所、植物保护研究所、农产品贮藏加工研究所、畜草与绿色农业研究所、农业质量标准与检测技术研究所、经济作物与啤酒原料研究所、农业经济与信息研究所 14 个研究所，8 个职能处（室），在张掖、武威黄羊镇、兰州市榆中县设有 3 个试验场（站）。全院现有在职职工 704 人，其中有硕、博士 309 人。入选国家“新世纪百千万人才工程”3 人、国家级优秀专家 3 人、省优秀专家 6 人、省领军人才 40 人；享受国务院政府特殊津贴专家 37 人、省拔尖领军人才 2 人、省科技功臣 2 人、陇人骄子 2 人、博士生导师 5 人、硕士生导师 42 人。

2. 科研活动及成效

（1）科研成效

全年新增项目 309 项，合同经费 1.26 亿元，登记省级科技成果 63 项，获国家科学技术进步奖二等奖 1 项（协作）、神农中华农业科技奖三等奖 2 项（其中协作 1 项）、甘肃省哲学社会科学优秀成果奖二等奖 1 项。审定（登记、评价）新品种 18 个。获授权国家发明专利 27 项、实用新型专利 78 项、计算机软件著作权 37 项，技术标准 37 件；在各类期刊发表学术论文 299 篇，其中 SCI 收录论文 14 篇，出版专著 7 部。

（2）重要进展

一是落实重大决策部署，种质创新取得显著成效。按照国家第三次农作物种质资源普查与收集工作总体部署和甘肃省具体要求，参与全省农作物种质资源普查与征集工作，接收全省 83 个县（市、区）移交的种质资源 2 640 份，新收集资源 1 268 份，移交国家种质资源库资源 831 份，更新入库资源 2 259 份，对外提供共享资源 3 359 份。积极配合全省“打好种业翻身仗”要求，编制了全省种业强省科技支撑方案，参与编写了《振兴河西国家玉米繁育制种基地实施方案》。稳步推进平凉红牛种质保存与品种改良工作。以常规育种为基础，推进生物育种方法和技术的研究应用。创制了胡麻、油菜和玉米等作物优异种质，获得了抗虫和抗除草剂的转基因玉米自交系材料，筛选出优质强筋或紫色小麦、高维生素 C 马铃薯、

高 α- 亚麻酸胡麻、高油大豆、褐色中脉高粱、饲用青稞和高 β- 葡聚糖含量青稞、富铁硒锌早熟马铃薯等优异育种材料 1 万余份。育成了优质兼抗条锈病、白粉病和叶锈病的小麦新种质。提出了作物种质资源田间抗旱性精准鉴定和表型高通量鉴定方法。建立了亚麻品种纯度和真实性分子鉴定技术，完成了亚麻指纹图谱构建技术体系。解析了甘肃地方桃资源“丁家坝李光桃”抗寒相关基因表达水平与低温逆境生理响应的关系。

陇单 336

二是围绕产业重大需求，选育出一批重大品种（系）。育成高产耐密宜机收高产玉米新品种“陇单 336”，达到国家机械粒收玉米质量标准，成为我院首个国审玉米品种。小麦新品种“兰天 36 号”“陇春 41”“陇鉴 107”“陇鉴 108”成为支撑甘肃省口粮安全的主推品种，兰天系列品种播种面积占全省冬小麦播种面积约 40%，创陇南半吨小麦高产田。育成“陇鉴 115”和“陇鉴 117”两个优质高强筋冬小麦新品种。马铃薯新品系 L16101-8 单产突破 3 t，居西北组第一位；“陇薯 6 号”干物质含量 25.3%，完成国家品种登记。青贮玉米新品种“陇青贮 3 号”和“陇青贮 4 号”产量高、性状好，深受养殖企业好评。高油高脂大豆新品系表现突出，“陇黄 1 号”作为李锦记酱制品专用品种建立了原料生产基地。油菜品种“陇油杂 2 号”机收亩产突破 200 kg，谷子新品种“陇谷 23 号”被评为全国一级优质米，啤酒大麦新品种 2018C/102 平均亩产居国家区试首位。鲜食辣椒“陇椒 11 号”、西瓜新品种“陇科 13 号”，有望跻身成为甘肃省主栽品种。利用生物技术培育出的盘欧羊新品种，体格大、生长快、产肉性能高，是青藏高原第一个人工培育肉羊品种。

三是面向农业绿色发展，集成示范了一批重大技术模式。以“耐密品种 + 生物降解膜、控释肥、延迟收获、秸秆还田”为主的旱地玉米低水分机械粒收技术模式，干旱年份创陇东旱塬吨粮田，生产成本降低 20%。旱地立式深旋耕作栽培技术体系，显著提高了土壤贮水性能，马铃薯增产 27.5%。旱地苹果化肥减施增效技术和果园绿肥改土肥田技术，化肥施用量减少 35%、利用率提高 13%。旱地小黑麦收后复种玉米、甜高粱饲草高效机械化种植技术，亩鲜草产量分别达 8 t 和 10 t。西瓜戈壁设施春茬基质袋栽培水肥优化管理方案增产 7%、水氮利用率提高 5%。莴笋和结球生菜高质量种子生产技术，制种产量提高 7.5%、种子发芽率提高到 96%。研发出西甜瓜专用水溶肥产品 4 个，减肥 24.5%、节水 33%。

盘欧羊

旱作地膜玉米籽粒机械收获

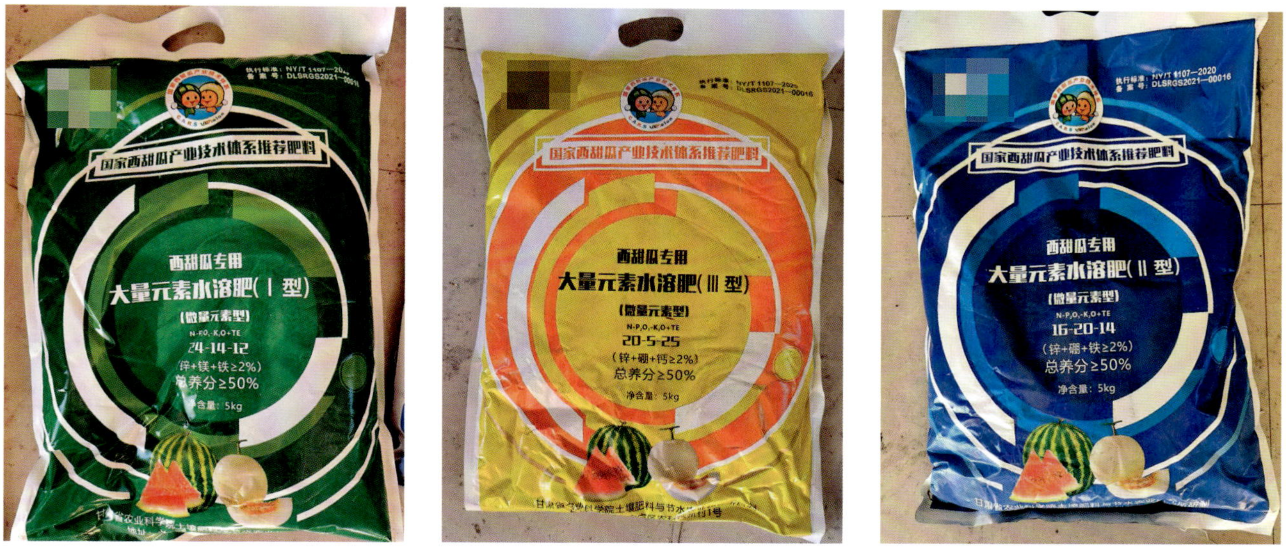

西甜瓜专用水溶肥

四是围绕甘味品牌建设，评价与加工技术应用成效显著。制订 14 类甘肃名特优新农产品名录收集登录方案，开展了天水秦安县“秦安苹果”营养品质评价鉴定。建立了彩色马铃薯中花青素的快速检测方法，形成了兰白区域多样化马铃薯品种主要营养功能指标和功能性成分名录。提出了苹果浆品质提升中益生菌混菌发酵菌株比例及发酵条件。优化了樱桃物流保鲜技术，提出了樱桃运输保鲜期、货架保鲜期及短期贮藏的技术方案。

（3）条件建设

新一轮农业基本建设项目争取成效显著，24 项获省农业农村厅批复立项。国家糜子改良中心甘肃分中心、国家油料改良中心胡麻分中心、青藏区综合试验基地建设项目顺利通过省级竣工验收。2 个种质资源库项目通过中期评估，2 个省级重点实验室通过验收。5 个农业农村部科学观测站和 1 个学科群实验站建设项目已完成绩效评估。果酒及小麦新产品研发平台建设完成年度合同任务。“一带一路”国际农业节水节能创新院、甘肃省数字农业工程研究中心获批建设，甘肃省智慧农业研究中心、国家农业信息化工程技术研究中心甘肃省农业信息化示范基地、智慧农业专家工作站挂牌运行。

（4）对外合作

全年共实施国际合作类项目 13 项，引进农作物新种质 274 份。与外国专家或国际组织举办各类视频会议 30 场次。以线上形式承办科技部发展中国家“现代旱作节水及设施农业技术国际培训班”，来自亚、非、拉 17 个发展中国家的 56 位学员参加了培训。“中以友好现代农业合作项目”顺利实施，全套设备和技术进入试运行阶段。国际合作项目“中俄马铃薯种质创新与品种选育联合实验室”资源交换和试验示范有序开展。成功举办第 27 届中国兰州投资贸易洽谈会“现代丝路寒旱农业高质量发展论坛”。与种业相关科研院所、企业共同发起成立了国际种业科学家联盟，1 人当选为联盟副主席。组织召开了甘肃省农业科技创新联盟会议，牵头成立了马铃薯、食用百合、林果花卉种质资源 3 个分联盟。组织参加了西北农林科技创新联盟第三届学术交流会、2021 年甘肃省学术年会及全国科普讲解大赛等活动。农业科技馆充分发挥科技宣传和科普教育作用，全年共接待各类科普参访团组 31 批 1 590 人次。

（5）科技扶贫

一是做好脱贫攻坚与乡村振兴有效衔接。按照省委省政府乡村振兴工作总体部署，充分发挥自身科技优势，接续开展帮扶工作，在对口帮扶的 4 个村示范良种良法，发放良种 10 余吨，示范种植 4 670 亩，建设优质种苗 15 棚。协助提升乡村治理水平，开展田间病害调查和生产技术指导，脱贫攻坚成果得到有效的巩固和拓展。积极协助中组部和中国农业科学院在舟曲县的乡村振兴帮扶工作，完成了花椒产业发展规划。二是持续培育壮大村级富民产业。选派 160 名“三区”科技人员到全省 154 个村庄，服务农户、企业、合作社及农民协会。引进推广新品种新技术 563 个，举办技术培训 300 多场（次），培训农民和农技人员 1.5 万人（次）。

（6）成果转化

一是提升科技成果社会效益。在全省不同类型区建立 45 个科技引领乡村振兴示范村（镇），推广 10 个重大品种，应用 10 项关键技术，转化 100 项先进适用成果。以试验站点等为辐射源，在全省不同生态区建立示范基地 68 个，推广面积 180 万亩，开展培训 97 场次，培训农技人员和农民 8 840 余人次，“陇字”号科技成果为全省现代农业发展和乡村振兴持续注入新动能。二是加大成果宣传推介和中试熟化。以线上线下相结合的方式，成功举

(2004—2021)》《农林科学院70年大事记（1951—2021)》两本志书及《农林科学院70周年院庆青年学术沙龙论文集》《西北农林科技创新联盟第三届学术交流会论文集》，激励广大农科人从中汲取营养智慧，凝聚初心动力，携手共进，谱写新时代高原农林业高质量发展新篇章。

（5）科技扶贫

巩固提升精准扶贫成果。院党委先后3次深入扶贫点调研、座谈，协助规划村集体产业发展。选派年轻党员科研骨干续任驻村第一书记，加强帮扶力量。组织结对党员定期开展结对帮扶活动，和农户谈心交流，解决农户的实际问题，累计入户慰问结对脱贫户30余人次，赠送了价值7 000元生活物品。依托科技优势，将科技成果转化项目落地贫困地区，并赠送价值约11万元种子、肥料等物资，助力脱贫攻坚。通过帮扶，切实增强了杜家洼村自身的“造血功能”，扎实推进了精准扶贫巩固提升工作的全面落实。

（6）科技成果转化

依托国家现代农业产业技术体系和青海省农牧业科技创新平台，以“院所＋种企＋农户”的运作模式，打造“育繁推一体化”研发平台，加快主导品种和主推技术的应用，展示作物新品种20余个，示范新技术30余项，推广辐射面积360余万亩。结合科技活动周和科普日活动，举办现场观摩、技术培训660余场次，培训人员6 511余人次，发放技术资料3 800份。积极建言献策，服务党和政府的决策，提交省政府、省科协、农业农村厅、科技厅等提案、调研报告、建议等17份，荣获科技工作者优秀建议1项。协办“国家林草科技大讲堂”，2名科研人员参与讲授枸杞、防沙治沙等实用的专业技术，点击量达42万人次，受到了国家林业和草原局科技司的通报表扬。

（三十四）青海省畜牧兽医科学院

1. 机构发展情况

青海省畜牧兽医科学院始建于 1952 年 9 月，2002 年 11 月，整建制划归青海大学，实行青海大学领导下的二级研究院管理体制，院内设有畜牧、兽医、草原 3 个研究所，内设高原家畜生态养殖技术所。以畜牧、兽医、草原应用研究和开发研究为主，重点研究和解决青藏高原畜牧业生产中亟待解决的带有全局性、关键性的技术问题。

全院现有在职职工 163 人，其中，专业技术人员 141 人，高级职称 84 人，享受国务院政府特殊津贴专家 3 人，国家“百千万人才工程”人选 1 人，省级学科带头人 31 人，博士 57 人、硕士 29 人。

2. 科研活动及成效

（1）2021 年度科研项目

2021 年度新获批科研项目共 65 项，资助经费总计 5 605.95 万元。其中，主持项目 45 项，资助经费 4 608.05 万元，新获批的 45 项主持项目中，国家级科研项目 3 项，资助经费 105 万元；新获批合作项目 20 项，资助经费 997.9 万元。2021 年度继续承担 5 个国家牧草、现代肉羊、燕荞麦、绒毛用羊产业技术体系各试验站和绒毛用羊产业技术体系疫病防控岗位科学家的年度任务；继续开展青海省农牧业牛、猪、饲草 3 个科技创新平台的年度工作；继续承担青藏高原牧草种质资源保护利用的年度任务。

（2）重要研究进展

“D 型肉毒毒素新剂型防治高原鼢鼠的研究”项目，完成了高原鼢鼠对 D 型肉毒毒素的敏感性试验，测得其灌胃半数致死量 LD_{50} 为 5 840 MLD/kg，其颗粒毒饵口服半数致死量 LD_{50} 为 1.319 MLD /kg，小麦毒饵口服半数致死量 LD_{50} 为 0.84 MLD /kg；完成了高原鼢鼠饵料选择性试验、D 型肉毒毒素小麦毒饵、颗粒毒饵适口性试验，为 D 型肉毒毒素防治高原鼢鼠最佳饵料的选择、毒饵浓度提供了应用依据。

“天然草地放牧系统功能优化与管理专家系统研究与应用”项目，建立了高寒牧区草地监测基准样地方法研究和监测样地网，完善了三江源高寒草地监测的基准样地技术，确定了高寒草地放牧系统的优化管理模型，开发使用了虚拟围栏技术。通过草地家畜营养调控，家畜载畜量智能化评估、家畜和牧场监测信息化技术，在技术研究和示范基础上开发了高寒草地放牧系统管理专家系统，促进了高寒牧区放牧系统信息化管理技术的发展。完成了两个家庭联营牧场示范及全年供草技术体系商品化饲草生产基地建设任务，提升了区域饲草全年供给能力。

“高寒草地畜牧业实时数据在线采集系统的研究”项目，开发集成了天然草地数据自动采集站、放牧监测系统、养殖棚舍环境监测系统等六大系统，研发了以草地管护员为基础的草地家畜网格化数据采集微信小程序、草原样地数据采集 App，结合天然草地大数据分析系统的构建，形成了“6+2+1 天然草地畜牧业数据采集模式”，提升了草地畜牧业实时监测与数字化管理的技术集成水平；开展了星地同步观测试验，对卫星遥感提供标定数据，为天、空、地一体化提供了地面技术支撑。

“棘球蚴检测技术集成及主要寄主防治方法研究”项目，建立了藏羊和牦牛棘球蚴病 ELISA 抗原、抗体检测方法，为早期藏羊和牦牛棘球蚴病的诊断提供了技术手段；集成了野生狐狸粪便棘球绦虫多重 PCR 检测方法和 LAMP 检测方法，为野生动物棘球绦虫的检测提供了依据，并首次在野生狐狸粪便中发现 G1、G7 型细粒棘球绦虫感染；通过食性分析，研发了适合野生犬科动物的绦虫驱虫诱食剂型，建立了防控方法，采食率达到 94.6%，防治后棘球绦虫感染率下降至 2.56%，检测牛羊血清 5 386 份，特异性和敏感性达到 95.3%；检测粪便样品 521 份，准确率达到 95% 以上。

“牦牛肉保鲜嫩化技术研究与新产品研发”项目，明确了牦牛肉内源酶及其联合影响嫩度、色泽品质的变化规律。制定了激活钙蛋白酶和组织蛋白酶联合嫩化技术，抑制高铁肌红蛋白酶活性提升色泽稳定性；增加了牦牛肉的加工利用价值，为牦牛肉韧、老、硬、暗问题的解决提供了一定理论基础；研发牦牛肉专用滚揉、分级等设备 2 套，提高了牦牛肉嫩度和生产效率，一定程度上解决了牦牛肉韧、硬的问题；研究了牦牛发酵肉生物安全控制技术、蛋白质变化对风味和质量的影响，研发牦牛发酵肉制品和灌肠制品各 1 个。

（3）科研条件

级别	序号	平台名称	创建时间	备注
国家级	1	“三江源生态与高原农牧业”国家重点实验室——高原生态畜牧业平台	2016 年	科技部
	2	科技部三江源草地生态系统综合研究站——玉树称多站	2020 年	科技部
	3	国家牦牛肉加工技术研发专业中心	2018 年	农业农村部
	4	国家牦牛标准化区域服务与推广平台	2018 年	国家市场监督管理总局

（续表）

级别	序号	平台名称	创建时间	备注
省部共建	1	青藏高原特有草种资源开发及利用国家地方联合工程实验室	2009 年	国家发改委
	2	三江源区高寒草地生态教育部重点实验室	2011 年	教育部
	3	农业农村部青藏高原畜禽遗传育种重点实验室	2022 年	农业农村部
	4	国家肉羊产业技术体系西宁综合试验站	2008 年	农业部
	5	国家牧草产业技术体系海北综合试验站	2008 年	农业部
	6	国家绒毛用羊产业技术体系海北综合试验站	2011 年	农业部
	7	国家燕麦产业技术体系海东综合试验站	2011 年	农业部
省级	1	青海高原牦牛研究开发中心	2003 年	青海省
	2	青海草业工程技术研究中心	2007 年	青海省
	3	青藏高原优良牧草种质资源利用重点实验室	2007 年	青海省
	4	青海省高原放牧家畜动物营养与饲料科学重点实验室	2008 年	青海省
	5	青海省高寒草地适应性管理重点实验室	2019 年	青海省
	6	青海省家畜遗传资源保护与创新利用重点实验室	2020 年	青海省
	7	青海省动物疾病病原诊断与绿色防控技术研究重点实验室	2021 年	青海省
	8	牦牛遗传育种与繁殖野外试验观测站（在建）	2019 年	青海省
	9	青海省农牧业科技创新牛产业平台	2012 年	青海省
	10	青海省农牧业科技创新饲草产业平台	2012 年	青海省
	11	青海省农牧业科技创新生猪产业平台	2012 年	青海省

（4）科技成果

2021 年共登记成果 29 项。其中，评价等级为国际先进的 7 项，国内领先的 13 项，国内先进的 6 项，标准申请登记的 3 项。2021 年全院共获得奖励 3 项，其中，“牦牛本品种选育及提高生产性能技术集成与示范”成果获得 2020 年度青海省科学技术进步奖三等奖；“牦牛屠宰加工提质增效关键技术创新与应用”成果获得 2020 年度青海省科学技术进步奖三等奖；“牦牛肉储运减损技术提质增值关键技术研究与示范”成果获得 2019—2020 年度海西州科技创新三等奖。

（5）学科发展

我院是以草原、畜牧、兽医应用研究和开发研究为主的畜牧业综合性研究机构，重点研究和解决青藏高原畜牧业生产中亟待解决的带有全局性、关键性的技术问题。主要开展家畜品种培育改良、疫病防治研究、新兽医疫苗研制；牧草品种选育、饲草饲料生产、三江源草地生态治理、“黑土壤”治理恢复、生态移民区后续产业、人工草地建植、天然草地保护与利用；放牧家畜饲草料供给与营养平衡、牛羊育肥和畜牧业综合配套技术研究及农牧区畜牧业等。

按照“突出发展特色学科、稳步提升优势学科、积极培育新型学科”的原则，对我院优势突出、特色明显的研究领域，通过凝练研究方向、整合资源，确定了高原家畜品种资源开发利用、高原家畜营养平衡与调控、畜产品加工、兽医生物技术－D型生物灭鼠剂、动物疫病防治、高寒草地生态恢复与管理、牧草育种与栽培、冬虫夏草研究、饲草生产加工与装备应用等重点学科方向和特色研究领域14个，设置和组建了科研创新团队9个（家畜育种团队、草畜营养平衡团队、农畜产品加工团队、退化草地治理团队、鼠虫害防治团队、动物保健团队、牧草育种团队、冬虫夏草研究团队、饲草生产加工团队），确立了团队的学科带头人，构建了结构清晰、符合科研实际的学科发展思路。

我院承担着青海大学畜牧学一级学科硕士点、草学一级学科硕士点、作物学－牧草育种与栽培二级学科博士点；学位点现有硕士生导师59人（畜牧学21人、草学38人），作物学－牧草育种与栽培博士生导师13人；2021年硕、博士毕业生共24人（动物营养与饲料科学6人、草学9人、作物学－牧草育种与栽培点9人）；2021年新招收硕、博士研究生共64人（畜牧学16人、草学15人、作物学－牧草育种与栽培33人）；现在读硕、博士研究生共187人（畜牧学48人、草学54人、作物学－牧草育种与栽培85人）。

（6）对外合作交流

受新冠疫情防控的限制，学术交流活动受到一定影响，全年无国际出访交流计划，但仍积极创新形式开展交流活动。积极宣传科技部《国家外国专家项目和经费管理办法》有关注意事项，组织申报国家外国专家局高端外国专家引进计划1项，省科技厅国际科技合作专项1项，在研省科技厅国际科技合作专项1项。

全年共109人次参加25次国内学术会议，其中1人次参加线上学术会议，研究生23人次参会，共10人次在学术交流会议及论坛中作报告。由青海牦牛产业联盟主办，我院畜牧研究所承办，在西宁市组织召开“青海省牦牛产业联盟座谈会”。由我院兽医研究所举办的疫病诊断与防治方面学术讲座21次，邀请国内专家3人次。草原研究所借助网络视频平台举办了8期“高寒草地适应性管理暨现代牧场系列论坛”，先后邀请8位相关学者和企业精英做客本季论坛，线上 + 线下 500 余人参加本季论坛。“青海省高寒草地适应性管理重点实验室”2020—2021 年度学术委员会会议暨学术交流网络会议在我院胜利闭幕，会上还邀请到国内知名学者 3 人作了专题报告，学术交流活动对提高我院知名度及合作研究和科研人员业务水平起到了很大的促进作用。

（7）科技扶贫及科技成果转化推广

“牦牛高效养殖中补饲技术研究与示范”项目，冷季补饲技术示范共计示范牦牛 2 100 头，研发制定放牧妊娠牦牛、空怀牦牛、哺乳牦牛和断奶犊牛饲料配方 4 个，形成商品化新产品 3 个，生产繁殖母牛和断奶犊牛精料补充料 1 000 t，经冷季补饲后繁殖牦牛和断奶犊牛，产生直接经济效益达到 246.60 万元。

“环湖藏羊高效生产关键技术集成与推广”项目，建立高效生产示范区，组建藏羊示范群 250 群，规模达到 6.27 万只。通过畜群结构优化等技术的实施，开展藏羊两年三胎高效繁育技术，胎均繁活率达 98.47%，年均繁活率达 147.40%，较自然放牧胎次繁活率提高 13.47 个百分点、年均繁活率提高 61.40 个百分点；建立科研院所 – 县级技术推广站 – 乡技术推广站 – 科技特派员四级科技服务模式，举办培训班 4 次，共培训 2 185 人次，其中，技术人员 253 人次，农牧民 1 932 人次。

“牦牛屠宰分级提质增值关键技术集成与示范”项目，在青海西北骄天然营养食品有限公司进行了相关技术示范，生产分割分级牦牛肉 244 t，实现总产值 1 988 万元。

“青藏高原特色奶皮子加工技术研究与示范”项目，研发了奶皮子、酸奶奶皮子和风味奶皮子 3 个新产品，在相关企业进行了示范推广，建立了奶皮子加工生产线，生产奶皮子产品 3.8 t，实现经济效益 51.3 万元。

“D 型肉毒毒素新剂型防治高原鼢鼠的研究”项目，在海南藏族自治州贵南县，开展了 D 型肉毒毒素不同浓度小麦毒饵、颗粒毒饵防治高原鼢鼠的小区试验，确定了毒素现地使用最佳配制浓度；在贵南县、海晏县、民和县累计完成高原鼢鼠鼠害防治 1 万余亩，平均灭效达 89.93%。

“放牧家畜主要寄生虫病高效低残留防治技术示范与推广”项目，完成了高效低残留药物在牦牛藏羊体内组织中的残留规律检测，为建立放牧家畜主要寄生虫病高效低残留药物防治新技术提供了依据；建立了放牧家畜体内线虫病和体外寄生虫病高效低残留药物防治新技术，在 37.29 万余头牦牛和 68.20 万余只绵羊中示范推广，驱虫效果达 96% 以上，取得了显著的经济效益。

“青海优质鲜肉型八眉猪新品系培育及示范”项目，制定《青海省优质鲜肉型八眉猪饲养管理规程》1 项，研发最佳日粮配方 2 个，为鲜肉型八眉猪的标准化饲养提供基础参数。

项目实施期内提供仔猪 6 500 头，实现产值 390.00 万元。

依托国家牧草、现代肉羊、绒毛用羊、燕荞麦产业技术体系综合试验站，青海省牛、饲草、生猪产业科技创新平台，青海省科技活动周，在研项目及“三区”人才支持计划等，以发放培训材料、现场指导示范、集中培训授课、实验室实操训练、一对一传授等多种形式，对基层科技人员、企业管理及技术人员、农牧民开展科技培训、科普宣传约 66 期次，培训总人数达 3 041 人次。为基层科研单位人才队伍建设和科技人员创新能力提升起到了关键性支撑作用，为企业注入了科技血液、提高了创新活力，解决了农牧业生产中的技术瓶颈，为农牧民科学种养、增产增收提供了科技保障，助力科技扶贫。

（三十五）宁夏农林科学院

1. 机构发展情况

宁夏回族自治区农林科学院成立于 1958 年。目前，全院内设 7 个职能处室及机关党委，下属 11 个公益性研究机构和 1 个后勤服务中心；全院现有干部职工 488 人，其中，专业技术人员 469 人，高级职称（资格）263 人［其中正高 94 人（二级研究员 14 人），副高 169 人］，博士 50 人，硕士 270 人；自治区院士后备人才 1 人、自治区塞上英才 3 人、国家“百千万人才工程”7 人、国家有突出贡献中青年专家 3 人、享受国务院和自治区政府特殊津贴专家 18 人；自治区特色产业首席专家 8 人、科技创新领军人才 6 人；全职引进海外高层次科技人才 1 人。

2. 科研活动及成效

（1）科研立项

组织申报国家及自治区等各类科研项目（课题）368 项，获批项目（课题）165 项（其中，国家自然科学基金项目 5 项、国家区域创新联合基金项目 2 项，自治区重点研发计划项目 33 项、自治区自然科学基金项目 40 项）。

（2）重要研究进展

“玉米调结构转方式优质高效生产关键技术研究与示范”创新现代玉米栽培理论与技术，创造亩产 1 357.3 kg 的宁夏玉米单产最高纪录，处于全国领先水平。“宁夏特色瓜菜产业关键技术创新示范”破解拱棚辣椒土壤连作障碍，创造连续 5 年亩产 8 000 kg 高产纪录；研发出拱棚辣椒春提早栽培模式实现提前上市 30 天，亩增收 3 000 元，实现连续高效生产变革。产量高、品质优、抗倒伏、抗病虫的“中夏玉 6 号”玉米新品种通过国家审定，“宁春 62 号”小麦新品种、“宁玉 47 号”、“宁玉 49 号”玉米新品种通过自治区审定，示范的“宁春 58 号”亩产 710.49 kg 再次刷新宁夏春小麦单产纪录。建立玉米间作大豆栽培模式，创造了宁夏大豆亩产 331.9 kg 的

开展玉米大豆间作不同种植模式田间试验，取得显著成效

高产纪录。枸杞基因组研究在全世界范围内首次破译了茄科木本植物枸杞的全基因组，研究成果公开发表在今年 6 月份的 *Nature* 子刊《通讯生物学》杂志上，标志着我国在枸杞染色体结构变异和枸杞遗传育种等研究领域处于国际领先水平。

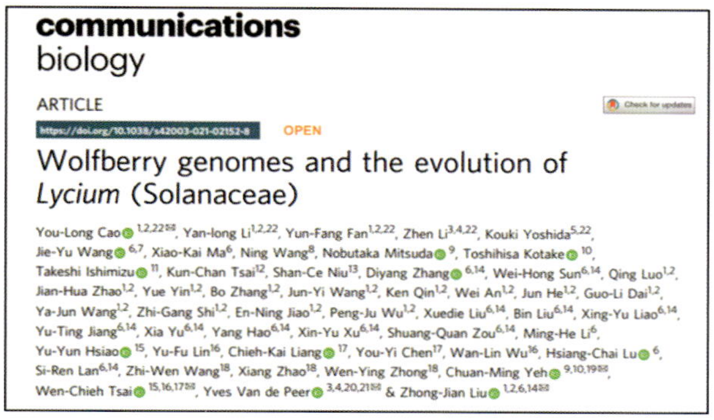

communications biology

ARTICLE

https://doi.org/10.1038/s42003-021-02152-8 OPEN

Check for updates

Wolfberry genomes and the evolution of *Lycium* (Solanaceae)

You-Long Cao[1,2,22], Yan-long Li[1,2,22], Yun-Fang Fan[1,2,22], Zhen Li[3,4,22], Kouki Yoshida[5,22], Jie-Yu Wang[6,7], Xiao-Kai Ma[6], Ning Wang[8], Nobutaka Mitsuda[9], Toshihisa Kotake[10], Takeshi Ishimizu[11], Kun-Chan Tsai[12], Shan-Ce Niu[13], Diyang Zhang[6,14], Wei-Hong Sun[6,14], Qing Luo[1,2], Jian-Hua Zhao[1,2], Yue Yin[1,2], Bo Zhang[1,2], Jun-Yi Wang[1,2], Ken Qin[1,2], Wei An[1,2], Jun He[1,2], Guo-Li Dai[1,2], Ya-Jun Wang[1,2], Zhi-Gang Shi[1,2], En-Ning Jiao[1,2], Peng-Ju Wu[1,2], Xuedie Liu[6,14], Bin Liu[6,14], Xing-Yu Liao[6,14], Yu-Ting Jiang[6,14], Xia Yu[6,14], Yang Hao[6,14], Xin-Yu Xu[6,14], Shuang-Quan Zou[6,14], Ming-He Li[6], Yu-Yun Hsiao[15], Yu-Fu Lin[16], Chieh-Kai Liang[17], You-Yi Chen[17], Wan-Lin Wu[16], Hsiang-Chai Lu[6], Si-Ren Lan[6,14], Zhi-Wen Wang[18], Xiang Zhao[18], Wen-Ying Zhong[18], Chuan-Ming Yeh[9,10,19], Wen-Chieh Tsai[15,16,17], Yves Van de Peer[3,4,20,21] & Zhong-Jian Liu[1,2,6,14]

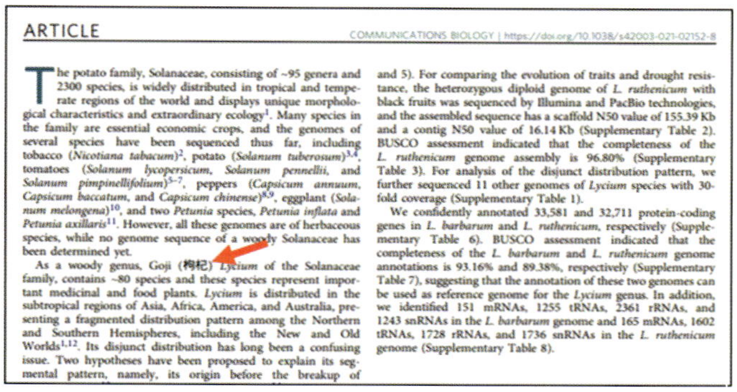

ARTICLE COMMUNICATIONS BIOLOGY | https://doi.org/10.1038/s42003-021-02152-8

The potato family, Solanaceae, consisting of ~95 genera and 2300 species, is widely distributed in tropical and temperate regions of the world and displays unique morphological characteristics and extraordinary ecology[1]. Many species in the family are essential economic crops, and the genomes of several species have been sequenced thus far, including tobacco (*Nicotiana tabacum*)[2], potato (*Solanum tuberosum*)[3,4], tomatoes (*Solanum lycopersicum*, *Solanum pennellii*, and *Solanum pimpinellifolium*)[5-7], peppers (*Capsicum annuum*, *Capsicum baccatum*, and *Capsicum chinense*)[8,9], eggplant (*Solanum melongena*)[10], and two *Petunia* species, *Petunia inflata* and *Petunia axillaris*[11]. However, all these genomes are of herbaceous species, while no genome sequence of a woody Solanaceae has been determined yet.

As a woody genus, Goji (枸杞) *Lycium* of the Solanaceae family, contains ~80 species and these species represent important medicinal and food plants. *Lycium* is distributed in the subtropical regions of Asia, Africa, America, and Australia, presenting a fragmented distribution pattern among the Northern and Southern Hemispheres, including the New and Old Worlds[1,12]. Its disjunct distribution has long been a confusing issue. Two hypotheses have been proposed to explain its segmental pattern, namely, its origin before the breakup of

and 5). For comparing the evolution of traits and drought resistance, the heterozygous diploid genome of *L. ruthenicum* with black fruits was sequenced by Illumina and PacBio technologies, and the assembled sequence has a scaffold N50 value of 155.39 Kb and a contig N50 value of 16.14 Kb (Supplementary Table 2). BUSCO assessment indicated that the completeness of the *L. ruthenicum* genome assembly is 96.80% (Supplementary Table 3). For analysis of the disjunct distribution pattern, we further sequenced 11 other genomes of *Lycium* species with 30-fold coverage (Supplementary Table 1).

We confidently annotated 33,581 and 32,711 protein-coding genes in *L. barbarum* and *L. ruthenicum*, respectively (Supplementary Table 6). BUSCO assessment indicated that the completeness of the *L. barbarum* and *L. ruthenicum* genome annotations is 93.16% and 89.38%, respectively (Supplementary Table 7), suggesting that the annotation of these two genomes can be used as reference genome for the *Lycium* genus. In addition, we identified 151 mRNAs, 1255 tRNAs, 2361 rRNAs, and 1243 snRNAs in the *L. barbarum* genome and 165 mRNAs, 1602 tRNAs, 1728 rRNAs, and 1736 snRNAs in the *L. ruthenicum* genome (Supplementary Table 8).

绘制出首张枸杞基因组物理图谱和遗传图谱，建成了世界上种类和数量最多的枸杞属代谢物数据库。该成果于 2021 年 6 月在 ***Nature*** 子刊 *Communications Biology* 上发表

（3）科研条件

现有国家工程研究中心 1 个，农业农村部、部委研究中心、区域试验站 4 个、国家现代农业产业技术体系综合试验站 14 个、岗位专家 2 个、国家农业野外科学观测站 3 个、农业农村部国家农业科学观测实验站 1 个、自治区重点实验室（工程中心）11 个、院现代农业科研基地 4 个。自治区创新团队 14 个，柔性引进创新团队 4 个。2021 年 6 月中国枸杞研究院挂牌成立。

中国枸杞研究院于 2021 年 6 月 2 日揭牌，六大中心落户宁夏农林科学院，自治区政协崔波主席和苏国辉院士为研究院揭牌

（4）科技成果

获 2021 年度自治区科学技术奖励 13 项（重大贡献奖 1 项、一等奖 1 项、二等奖 5 项、三等奖 6 项）。取得登记成果 86 项，授权专利 237 件（发明专利 25 件、国外专利 13 件、

实用新型专利 193 件、外观专利 6 件），软件著作权 79 件。审定国家品种 1 个、自治区品种 3 个、非主要农作物品种登记 2 个。制定行业标准 1 项、地方标准 4 项、团体标准 14 项。发表论文 316 篇（其中，SCI 40 篇、EI 3 篇）、专著 6 部。

（5）学科发展

完成宁夏回族自治区农林科学院科技创新“十四五”规划，确定了“农业应用基础研究、重点产业关键核心技术攻关、重大科技成果转移转化、科技服务、协同创新”五大提升行动和“11 个学科领域 43 个学科方向”的学科结构。

（6）对外交流合作及服务乡村振兴

与福建省农业科学院签订“十四五”合作框架协议，加强食用菌研发、人才培养等方面合作，扎实推进“科技支宁”东西部合作和“闽—宁”对口科技帮扶。与利通区政府签订框架协议，聚焦奶牛、瓜菜、优质饲草等主导产业，共建“国字号”农业科技现代化先行县。与湖南杂交水稻研究中心、自治区地质局、自治区妇联等签订科技合作协议，加强平台建设，促进科技合作交流。

确定将 27 个科研项目（课题）共投入 361.5 万元科研经费，布局到永宁县闽宁镇原隆村、中卫市沙坡头区常乐镇康乐村、平罗县红崖子乡红翔新村等 10 个重点村，以高质量的科技服务助力乡村振兴战略实施。

（7）科技成果转化推广

依托现有院地共建基地、院企合作基地、成果转化基地、产业体系试验站、技术市场等平台，向产业部门推荐自主创新成果 80 项，在 7 个院（市）地共建基地示范推广新品种、新技术、新产品（装备）114 项，产生直接经济效益达 2 亿元，核心示范区面积 11 万亩，平均增效 5% 以上，示范辐射 130 余万亩。与盐池滩羊集团建立“育、繁、推”一体化滩羊育种合作新模式，转化应用的滩羊基因鉴定、盐池滩羊品种认定及生产技术标准，为打造中国羊肉高端品牌奠定了良好基础。中宁院地科技合作基地助力枸杞生产综合产值提升 3 亿元。全年组织开展农民培训 200 余场 1.8 万人次，解决了一大批生产实践中的技术难题。

（三十六）新疆农业科学院

1. 机构发展情况

新疆维吾尔自治区农业科学院创立于 1955 年，是自治区人民政府直属的综合性农业科研机构。全院现有粮食作物研究所、经济作物研究所、园艺作物研究所等 17 个研究所（中心）、1 个分院（伊犁分院）、10 个试验场站。截至 2021 年 12 月，在职职工 958 人，其中，专业技术人员 820 人，有中国工程院院士 1 名，“百千万人才工程”国家级人选和科技创新领军人才 7 人，国家级有突出贡献优秀专家 7 名，享受国务院政府特殊津贴专家 72 名，自治区优秀专家 51 人次。自治区有突出贡献优秀专家 38 名，自治区天山领军人才 11 人，天山英才计划 65 人。有国家现代农业产业技术体系岗位科学家 12 人、综合试验站站长 24 人。专业技术人员中正高级职称 212 人，副高级职称 303 人；有博士 112 人，在读博士 77 人，硕士 413 人。全院共取得各类科研成果 1 274 项，获奖成果 605 项，其中，省部级二等奖以上奖励 231 项，审（认）定新品种 452 个。

全院建有国家、部委、自治区各类科技平台 75 个，中长期基地 37 个。全院各类平台实验室总面积达 1.22 万 m^2，拥有科研仪器设备 4 152 台（件），设备总金额达 1.99 亿元，可用于试验、示范、良繁的科研用地面积 1.5 万亩。

2. 科研活动及成效

（1）科技创新取得明显成效

全年新增项目 396 项，到位经费 1.1 亿元。获自治区科学技术进步奖二等奖 5 项；1 人获自治区突出贡献奖。全年组织申报科技成果奖励 17 项，授权专利 219 件，发布地方标准 112 项，完成成果登记 27 项，发表论文 427 篇，出版学术专著 33 部。

在种业振兴方面。参与编制《新疆种业振兴行动方案》。完成第三次全国农作物种质资源普查与收集行动年度任务，收集和接收农作物种质资源 4 515 份，保存各类果树资源 182 份，农用微生物资源 100 余份。鉴定各类作物育种材料 4 万余份。审（认）定优质棉花、小麦、水稻、油菜作物新品种 13 个，获得植物新品种权 12 项，为产业发展提供了良种支撑。

在关键技术研发方面。聚焦新疆农业产业薄弱环节和关键领域，完成全疆 6 500 万亩耕地土壤监测与质量评价，建立绿洲灌区棉田地膜污染和氮磷淋溶一体化综合防治技术模式，集成绿洲小麦、棉花化肥农药减施增产增效栽培技术综合模式 7 项，研发出新型绿色有机无机水溶复合肥，研发出小麦、棉花、果树等各类作物病虫害防控技术 10 余项，筛选出防治苹果枝枯病的生防菌剂、防控药剂和抗病砧木，完善番茄潜叶蛾监测和综合防控技术，制定豚草和三裂叶豚草的防控技术标准。研发出鲜杏精控熏蒸技术、冬枣雾化熏蒸结合气调包装技术、馕冷胚产品加工配方及冻融技术等 10 余项，研发出新型秸秆粉碎还田及残膜回收联合作业机，研发出设施大棚智能环境调控装备，研发出饲料加工自动化控制系统、粪污机械化收集处理等装备。

在品种选育与高产示范方面。自育“新冬 60 号”冬小麦品种创造亩产 740.8 kg 南疆冬小麦高产纪录；“新冬 52 号”冬小麦品种创造亩产 794.8 kg 伊犁河谷冬小麦历史单产最高纪录；自育“新春 37 号”“粮春 1242”“粮春 1354”春小麦品种连续创造 708.5 kg、719.7 kg 和 713.2 kg 全区优质春小麦高产纪录。在南疆地区大力推广粮饲兼用玉米品种“新玉 54 号”，其创造亩产籽粒 692.9 kg、全株青贮 3 621.7 kg 南疆复播玉米高产纪录。推广自育水稻品种 77 万亩，耐盐碱水稻新品种“新粳 8 号”平均亩产达 659.3 kg。自育“新陆早 57 号”等 10 余个适宜机采棉花品种入选“一主两辅”品种或主推品种，总推广种植面积达 900 万亩。自育优质机采棉新品种“源棉 11 号”，示范园亩产籽棉达到 650 ～ 708 kg。自育的第一个早熟长绒棉机采新品种“新 78”，示范田亩产籽棉 511.5 kg，采净率 97.1%，机械采收亩均节本 753.3 元，攻克了长绒棉机采难题。推广花生 – 棉花轮作模式，示范田平均亩产花生鲜果 839 kg。

耐盐碱水稻新品种“新粳 8 号”单株

耐盐碱水稻新品种“新粳 8 号”完熟期群体

“新 78”单株

“新 78”机采现场

（2）科研设施及条件平台持续改善

增补国家产业技术体系岗位科学家 2 名、综合试验站 6 个，获批自治区工程研究中心 2 个、自治区重点实验室 2 个，获批中央引导地方财政专项 6 项。“新疆农作物种质资源保存与创新利用中心”建设项目顺利进入可行性研究报告编制阶段；“省部共建干旱荒漠区作物抗逆与遗传改良国家重点实验室”建设项目已完成专家论证。“奇台国家农业绿色发展长期固定观测试验站”“国家土壤质量阿克苏观测实验站”等 7 个重点基建项目工程进展顺利。推进南繁育种及种质资源共享平台与院士平台建设，成立“三亚甜瓜西瓜展评研究中心”。

（3）服务乡村振兴决策咨询水平持续提升

完成“新疆农民土地股份专业合作社发展”“南疆四地州农村结构性贫困治理与乡村振兴统筹衔接”“棉花目标价格改革对新疆棉花生产经营主体行为意愿影响”研究成果 3 项。完成《自治区“十三五”扶贫开发规划评估及“十四五”巩固脱贫成果规划》《巴州农业产业“十四五”发展规划》《玛纳斯县农业科技现代化先行县规划》等 16 项，为自治区农业高质量发展提供了智力支持。

（4）科技合作不断拓展

积极探索以新型研发机构为平台的院地院企科技合作新模式，加速产学研紧密结合。与喀什地区联合共建“喀什地区鲜果产业研究院”“喀什地区蔬菜产业研究院”等 4 个新型机构，与玛纳斯县共建农业产业技术研究院和全国农业科技现代化先行县。组织召开“科技创新驱动、乡村振兴发展”科企座谈会，探索“企业出题、科研单位答题”模式，与企业开展合作项目 170 余项，合同经费 1 500 万元以上。全面推进与中国农业科学院、中国农业大学、西北农林科技大学、山东省农业科学院等高水平科研院校的深入合作。全面深化自治区人民政府与中国农业科学院签署科技合作协议的具体措施，全年开展互访调研座谈 10 余次，推动双方在技术研发、人才培养、学术交流、项目合作、干部挂职等方面开展广泛合作交流，带动我院科技创新能力有效提升。积极推进后疫情时代国际科技合作新模式，组织全院专家参加各类国际会议 12 场次，积极推动“中国 – 中亚农业科技分享中心”建设。

（5）科技推广与服务扎实推进

全年推广自育作物新品种 100 余个，栽培技术 120 余项，开展科技培训 1 200 余场次，建立示范园（点）200 余个，累计推广面积 3 400 余万亩，助力新疆粮食持续丰产、棉花生产优势持续巩固，特色林果和特色产业发展壮大。“哈密瓜露地优质绿色高效轻简化栽培技术”列入 2021 年农业农村部主推技术，推广 124 万亩，新增纯收益 38.7 亿元，经济效益显著。连续 7 年组建由 75 名科技人员组成的 8 个专家服务队，分赴南北疆 6 地 12 县（市）26 个乡镇 54 个村开展农业科技服务，全年开展培训会 204 场次、培训农民 3 966 人次，发放技术资料 6 716 份，建立示范点 31 个，助力提升农民科技素质和乡村产业振兴。

（三十七）新疆农垦科学院

1. 机构发展情况

新疆农垦科学院是新疆生产建设兵团直属的以农为主的综合性科研单位，创始于 1950 年，前身是新疆军区和二十二兵团建立的农业试验场。1959 年，兵团以农试场为基础成立农林牧科学研究所。1969 年农林牧科学研究所解散，1979 年恢复后改称新疆农垦科学研究院，1983 年更名为新疆农垦科学院。

新疆农垦科学院现有机关处室 7 个，有作物、畜牧兽医、机械装备、棉花、林园、农田水利与土壤肥料、农产品加工、科技信息、生物技术、分析测试中心 10 个研究所（中心）和《新疆农垦科技》《绿洲农业科学与工程》2 个编辑部。拥有省部共建绵羊遗传改良与健康养殖国家重点实验室、农业农村部西北内陆棉区棉花生物学与遗传育种重点实验室、谷物品质与遗传改良兵团重点实验室、国家农作物种质资源库 – 新疆兵团种质资源分库等国家及省级科研条件平台 21 个。新疆农垦科学院是兵团棉花学会、植物营养与肥料学会挂靠单位。

2. 科研活动及成效

在研科技项目 108 项，其中，2021 年度新立项目 39 项，到位各级各类科研经费 3 683 万元。发表学术论文 180 篇，其中，SCI 收录 27 篇，EI 收录 5 篇。知识产权授权 81 项，其中，发明专利授权 8 项，实用新型专利授权 32 项。在国家科技成果登记系统中登记科技成果 25 项。获兵团科学技术奖 3 项，其中，兵团自然科学奖一等奖 1 项，兵团技术发明奖一等奖 1 项，兵团科技进步奖二等奖 1 项。

2021 年我院选派 150 位专家，组建 25 支专家服务团队深入兵团 12 个师市 53 个团场及地方县（市）开展科技服务工作。引进棉花、小麦、玉米、大豆、籽瓜、花生、番茄、葡萄、高丹草、肉鸽、萨福克羊等新品种 107 个，示范推广农牧业新技术和新成果 34 个，协助团场编写项目建议书、规划和基本建设项目书 45 项，制定提供专家建议与技术要点 107 个，制定农牧业生产技术规程 44 项，技术服务应用推广面积 19.92 万亩，辐射带动面积达 1 039 万亩。举办现场观摩会、培训班 167 场（次），培训人数 13 523 人次，培养基层技术骨干 254 人，带动农户 811 户。

（1）新疆生产建设兵团新增一名中国工程院院士

2021 年 11 月 18 日，新疆农垦科学院尹飞虎研究员当选中国工程院农业学部院士。我

尹飞虎院士

院积极做好院士相关工作，落实政策和待遇，着力加强院士团队建设，改善科研条件平台，为尹飞虎院士的研究工作和生活提供保障服务。2021 年，新疆农垦科学院给予 100 万元经费支持院士团队实施“揭榜挂帅”项目“农田滴灌智能化关键装备研发与技术集成”，作为兵团揭榜挂帅项目试点单位，项目已研制农田灌溉智能化装备，初步实现将物联网技术、智能化技术应用于农业生产，有力推进了农田灌溉精准化和全程管理信息化。

（2）200 马力以上拖拉机配套犁关键技术及制造工艺的研发与应用

新疆农垦科学院机械装备研究所研制的大型液压翻转犁，4 种机型通过推广鉴定，价格为进口的 65%，自主研发的关键部件结构、材料、工艺性能全面提升，质量可代替进口犁。目前 4 种机型已进行大面积田间试验，测试各项作业性能指标与具有国际先进水平的同类产品基本一致，犁耕作业燃油消耗降到 1.6L/ 亩以下。建立了 2 条大型液压翻转犁生产线，已实现小批量生产 51 台，分别在南北疆及黑龙江建立 5 个示范点，累计示范作业面积达 15 万亩。

液压翻转调幅犁

液压翻转调幅犁田间作业

（3）高产示范创新疆冬小麦最高单产纪录

2021 年，新疆农垦科学院作物研究所小麦育种创新团队与第六师农业科学研究所、第六师奇台农场联合开展滴灌冬小麦超高产高效关键技术的示范工作，建立高产创建核心示范区面积 210 亩。在施足底肥、高质量整地、高质量播种的基础上，采用超高产、优质、多抗的品种、水肥一体化、精准化控等技术来实现小麦产量的突破。2021 年 7 月 25 日，新疆生产建设兵团农业农村局组织疆内外相关专家对示范田进行实收测产，折合亩产 858.72 kg，创新疆冬小麦最高单产纪录。对新疆及兵团大面积的小麦高产创建活动具有示范引领作用，实现了节本增效、增产增收，为新疆粮食安全提供保障，助力乡村振兴。

新疆冬小麦高产高效示范测产

（三十八）新疆畜牧科学院

1. 机构发展情况

新疆畜牧科学院成立于 1982 年，是专门从事以草食家畜为主的科学研究、技术开发、示范推广、成果转化、工程咨询与人员培训等任务的综合性科研机构。现有畜牧研究所、兽医研究所、草业研究所、畜牧业经济与信息研究所、生物技术研究所、饲料研究所、畜牧业质量标准研究所、奶业研究所（筹）8 个研究所，以及 2 个中心——离退休职工服务管理中心和新疆畜牧科学院工程咨询中心。截至 2021 年底，全院核定编制 405 人，实有干部职工 362 人，其中，专业技术人员占 80% 以上；全院干部职工中有博士 41 名，硕士 114 名，学士 96 名。入选国家百千万人才工程 3 人，获得有突出贡献中青年专家 2 人，进入国家现代农业产业技术体系 9 人，享受国务院政府特殊津贴 31 人，全国先进工作者 1 人，全国脱贫攻坚先进个人 1 人，全国五一劳动奖章获得者 1 人，全国农业先进个人 1 人，全国农业农村系统先进个人 1 人，国家农业科研杰出人才 1 人，自治区有突出贡献优秀专家 7 人，“开发建设新疆奖章”获得者 1 人。

2. 科研活动及成效

（1）科研创新成效明显

全年在研项目 164 项，其中新获批承担国家、自治区科研计划等各类科技项目 87 项。主持科技部部省联动重点研发项目“肉羊、奶山羊产业关键技术研究与应用示范”，参与科技部重点研发项目“绵羊新品种新品系培育及良繁”“绵羊高繁殖力及优异毛用种质资源精准鉴定”，承担自治区重大专项“新疆肉牛肉羊高效生产及产品加工技术集成创新与示范”等 7 个国家和自治区重点专项。研究成果“毛绒质量控制技术开发和地方畜种绒毛种质资源挖掘与创新利用”获新疆维吾尔自治区科技进步奖一等奖，主持和参与的成果获农业农村部神农中华农业科技奖一等奖 1 项、二等奖 1 项。

新疆维吾尔自治区科技进步奖
证书
为表彰自治区科技进步奖获得者，特颁发此证书。
获奖成果：毛绒质量控制技术开发和地方畜种绒毛种质资源挖掘与创新利用
主要完成单位：新疆畜牧科学院畜牧业质量标准研究所（新疆维吾尔自治区种羊与羊毛羊绒质量安全监督检验中心）
奖励等级：一等奖
奖励年度：2021 年度
新疆维吾尔自治区人民政府
2022 年 4 月 20 日
证书编号：KD20210086

新疆维吾尔自治区科技进步奖一等奖

在促进科技成果产出方面，“哈萨克羊导入双肌的效应评估及其应用研究”获得鉴定成果。制定颁布国家行业标准 5 项、地方标准 21 项，授权发明专利 40 项。组织培育的新疆褐牛新品种（系）、肉用细毛羊新品种、哈萨克羊肉用新品系工作进展顺利，均已具备申请国家畜禽品种审定相关条件。筛选出 WL343HQ、SW-5909 两个苜蓿品种，草地初步测产，亩产可达 1 200 kg/ 亩。科技创新体制机制改革工作取得新进展，成为科技部等 10 部门在全国组织开展科技成果评价改革的 55 家试点单位之一，获批承担“建立科技成果转化尽职免责机制”专项工作任务。

转基因绵羊

在基础应用研究方面，利用绵羊基因编辑技术获得高繁殖力和不同毛色图案的细毛羊扩繁群体，建立了国内最大的经济性状基因编辑绵羊群，为新品种创制奠定了坚实基础；锚定人畜共患病防治关键要害，加快关键技术攻关，自主设计包虫病综合防控体系，自主研发 2 种新型驱虫药制剂与检测技术手段，形成从源头阻断包虫病流行的“五位一体”全流程防控技术方案。基于 VLR 和 NIR 等技术，开发毛绒细度长度净绒率短绒率等智能化一体化快速检测技术、不同类型纤维的快速鉴别技术。

在科技成果示范方面，建成年供种能力达到 1 万只以上的“新疆畜牧科学院墨玉县多胎羊良种繁育基地”，平均产羔率达到 230% 以上，有效解决多胎羊养殖“缺技术、缺好种”难题。“棉秸秆饲料化高效利用关键技术研究与示范”经过 7 年的攻关研究，攻克了棉秸秆缺乏高效处理技术、缺乏科学饲喂技术、缺乏安全技术规范三大技术难题，实现了棉秸秆精准饲喂、高效利用的目标。首次在塔什库尔干县海拔 3 500 m 以上高原实现全株玉米、青稞等青贮饲料生产制作，推动了帕米尔牦牛产业发展。

（2）科技创新平台建设上新台阶

积极争取国家部委、自治区厅局支持，牵头申报科技部“省部共建草食家畜遗传改良与种质创新国家重点实验室”。启动实施“动物包虫病国家参考实验室改扩建”“西部地区国家畜禽基因库”等国家级科技创新平台建设项目。获批组建“新疆动物疫病研究重点实

农区多胎肉羊集约化生产

验室”“新疆动物疫病防控工程技术研究中心”，建成生物安全二级实验室，推进生物安全三级实验室建设。依托畜牧业质量标准创新平台和科研团队，获批全国羊业和特色畜产业标准化工作组。瞄准生物饲料研发、动物分子育种等技术领域，与兵团第六师新疆润来生物科技有限公司组建“新疆康健生物饲料研发中心”，与新疆康普森生物技术有限公司共建“新疆动植物分子育种联合实验室”，不断提升高端实验室科研创新条件平台共建共享开放水平。

（3）加强科技人员队伍建设

先后引进 1 名博士、5 名硕士、4 名本科学历的专业技术人员，选派 5 名优秀干部到基层挂职锻炼和涉农龙头企业任职，派出 20 名科研骨干参加天山英才、少数民族特培等培养，推荐 10 名专家作为新疆农业大学硕士生导师，人才结构得到进一步优化、综合素质能力得到显著提升。

（4）科技助力乡村振兴全面深入

分别建立肉牛、肉羊、家禽 3 个专家服务团队和牛、羊、鸽、马、驴、疫病防控、饲草 7 个技术团队，组织全院 50 多名技术骨干在各地州 60 余个主要牧业村开展技术服务。先后投入各类资金 160 余万元，全年累计派出 25 名畜牧专业骨干到和田、喀什、阿克苏、伊犁 4 个地州县市开展技术服务示范工作。依托“科研示范基地”服务基层助力乡村振兴工作。在墨玉县采取“养殖大户 + 贫困户 + 科技服务团”产业扶贫模式，累计投入各类项目资金 1 800 余万元，以我院“多胎羊种质繁育基地”和“肉鸽种质繁育基地”为产业示范点，年带动扶持养殖户 2 800 户，户均年增收约 1 500 元。积极开展“帕米尔牦牛养殖示范基地”建设，首次实现在帕米尔高原海拔 3 500 m 成功制作青贮饲料。

（5）对外交流与合作稳步推进

在研国际合作项目 4 项，在生物育种、畜禽种质资源挖掘、边境动物疫病防控、毛绒标准化生产、蜂产品检测检验等领域与美国、伊朗、哈萨克斯坦、俄罗斯等国家开展技术合作。积极参与国家农业科技创新战略联盟、西北农林科技创新联盟和“一带一路”农业科技创新联盟的工作，参与中国农业科技管理研究会组织的学术交流活动。与中国农业科学院对接，承担 4 个合作项目，分别与中国农业科学院北京畜牧兽医研究所、中国农业科学院哈尔滨兽医研究所、中国农业科学院兰州畜牧与兽药研究所、中国农业科学院草原研究所、中国农业科学院饲料研究所知名专家团队开展肉牛产业、牦牛产业、动物疫病防控、饲草种植等关键技术合作。与中国农业科学院农产品加工研究所合作，培养我院 1 名科研人员攻读博士学位。与新疆农牧业投资集团建立战略合作联盟，共同出资发起成立新疆雪峰农业科技有限公司，联合打造种养加一体的新型科企融合创新联合体。

利用“双肌性状”基因改良哈萨克羊近 40 万只